零基础轻松学造价

图解安装工程识图与造价速成

鸿图造价 编

U0229174

化学工业出版社

·北京·

本书依据《建设工程工程量清单计价规范》(GB 50500—2013)、《通用安装工程工程量计算规范》(GB 50856—2013) 等现行标准规范进行编写。本书内容共有13章，包括安装工程造价概述，机械设备安装工程，热力设备安装工程，静置设备与工艺金属结构制作安装工程，电气设备安装工程，建筑智能化工程，自动化控制仪表安装工程，通风空调工程，工业管道工程，消防工程，给排水、采暖、燃气工程，通信设备及线路工程，刷油、防腐蚀、绝热工程等内容。本书在编写过程中，将算量和识图结合起来讲解，同时配有线条图和现场施工图，对重要的知识点配有音频或视频讲解，读者可以扫描书中的二维码进行收听或者观看，方便读者理解和学习。

本书内容简明实用、图文并茂，适用性和实际操作性较强，特别适合安装工程、工程造价、工程管理、工程经济等专业人士学习使用，也可作为大中专学校、职业技能培训学校工程管理、工程造价专业及工程类相关专业的快速培训教材或教学参考书。

图书在版编目 (CIP) 数据

图解安装工程识图与造价速成/鸿图造价编. —北京：化学工业出版社，2019.4（2023.8重印）
（零基础轻松学造价）
ISBN 978-7-122-33976-8

Ⅰ.①图…　Ⅱ.①鸿…　Ⅲ.①建筑安装-工程制图-识别-图解②建筑安装-工程造价-图解　Ⅳ.①TU204-64②TU723.3-64

中国版本图书馆 CIP 数据核字（2019）第 035266 号

责任编辑：彭明兰　　　　　　　　　　文字编辑：吴开亮
责任校对：王鹏飞　　　　　　　　　　装帧设计：刘丽华

出版发行：化学工业出版社（北京市东城区青年湖南街13号　邮政编码100011）
印　　装：北京科印技术咨询服务有限公司数码印刷分部
787mm×1092mm　1/16　印张13½　字数321千字　2023年8月北京第1版第8次印刷

购书咨询：010-64518888　　　　　　售后服务：010-64518899
网　　址：http://www.cip.com.cn
凡购买本书，如有缺损质量问题，本社销售中心负责调换。

定　　价：59.80元

前言

　　工程造价是一项细致的工作，它涉及的知识面也比较广，随着建筑行业的不断发展和进步，"工程造价"这个词已经被越来越多的企业和个人所关注。它之所以备受关注是因为工程的造价将直接影响到企业投资的成功与否和个人的基本收益，而且很多高校都单独设有工程造价专业，由此可见工程造价的重要性。

　　做工程造价的前提是会识图和能读懂计算规则并进行算量，如何把这一步学得踏实，并学以致用一直是很多造价从业人员的难题。本书作者根据自己多年来的从业经验，将识图与算量结合起来讲解，以期读者会识图、懂规则、能算量，做到真正掌握工程造价。

　　本书依据现行的《建设工程工程量清单计价规范》（GB 50500—2013）、《通用安装工程工程量计算规范》（GB 50856—2013）等标准规范进行编写。本书将识图和算量结合起来讲解，为了让读者理解得更为透彻，识图部分不单单是用线条图表现，大部分都配有现场施工图，同时重要的知识点配有音频或视频讲解，只要扫一下书中的二维码，就能在线听或者观看相关音/视频及现场施工图片，方便读者理解学习。算量部分针对清单工程量计算规则、工程量计算过程等，主要以案例讲解为主，对案例中的重要数值给出"小贴士"讲解其来龙去脉，在内容上做到了循序渐进、环环相扣，这样为读者学习提供了极大的便利。本书与同类书相比具有以下显著特点。

　　1. 讲解流程清晰。按照"概念（基本知识点）—识图（线条图、现场施工图展示）—计算规则及公式—案例讲解"的顺序讲解，将知识点分门别类、有序讲解，解读清晰完整。

　　2. 内容分析透彻。对重点知识点多角度剖析，不仅仅是书上展示的内容，还配有音/视频资源讲解；加深读者印象。

　　3. 展示图片直观。线条图和现场图对应，平面和立体的结合，让读者能清晰直观地将理论与实际相结合。

　　4. 注重知识拓展。对重难点给出注意事项，提醒读者注意；案例中对重要数值，用"小贴士"进行讲解，让读者知道计算的来龙去脉。

　　5. 配套资源丰富。全套的PPT电子课件、网络图书答疑，一应俱全。

　　本书由鸿图造价编写，具体参与编写的人员有赵小云、杨霖华、刘瀚、冯爱华、黄秉英、杨恒博、梅强、刘建文、孙艳涛、周世豪、李胜东、张利霞、白庆海、何长江、张兰、刘家印。

本书在编写过程中，得到了许多同行的支持与帮助，在此一并表示感谢。

由于编者水平有限和时间紧迫，书中难免有不妥之处，望广大读者批评指正。如有疑问或者需要配套的 PPT 电子课件，可发邮件至 zjyjr1503@163.com 或是申请加入 QQ 群 909591943 与编者联系。

目录 ▶▶▶
CONTENTS

第❶章 ▶▶▶

安装工程造价概述

1.1 安装工程造价的概念和构成

1.1.1 安装工程造价的概念

安装工程是指各种设备、装置的安装工程。安装工程包括机械设备安装工程，热力设备安装工程，静置设备与工艺金属结构制作安装工程，电气设备安装工程，建筑智能化工程，自动化控制仪表安装工程，通风空调工程，工业管道工程，消防工程，给排水、采暖、燃气工程，通信设备及线路工程，刷油、防腐蚀、绝热工程等，每项安装工程又包括若干安装项目，简单地说安装工程一般是介于建筑工程和装潢工程之间的工作。

安装工程计量与计价，一般称为安装工程概预算，是对实施安装工作在未来一定时期内的收入和支出情况所做的计划。它可以通过货币形式来对安装过程的投入进行评价并反映安装过程中的经济效果。它是加强企业管理、实行经济核算、考核安装成本、编制安装进度计划的依据；也是安装工程招投标报价和确定造价的主要依据。

安装工程造价是以根据图纸、定额以及清单规范，计算出工程中所包含的直接费（人工、材料及设备、施工机具使用）、企业管理费、利润、规费及税金等为主要目的。安装工程造价的计算需根据有关部门制定的计算规则和规范计算工程总价。

1.1.2 确定工程造价的必要性

工程造价俗称工程预决算，是对建筑安装工程项目所需各种材料、人工、机械消耗量及耗用资金的核算，是国家基本建设投资及建设项目施工过程中一项工作要求。建筑安装行业流行一句话：是赔是赚，全在预算。可见工程造价的重要性。

工程造价的作用如下。

① 工程造价是项目决策的工具。在项目决策阶段，建设工程造价是项目财务分析和经济评价的重要依据。

② 工程造价是制订投资计划和控制投资的有效工具。

③ 工程造价是筹集建设资金的依据。当建设资金来源于金融机构的贷款时，金融机构在对项目的偿贷能力进行评估的基础上，也需要依据工程造价来确定给予投资者的贷款数额。

④ 工程造价是合理分配利益和调节产业结构的手段。

⑤ 工程造价是评价投资效果的重要指标。 （音频 1-工程造价的作用）

所谓工程造价的合理确定，就是在建设程序的各个阶段，合理确定投资估算、概算造价、预算造价、承包合同价、结算价、竣工决算价。所谓工程造价的有效控制，就是在优化建设方案、设计方案的基础上，在建设程序的各个阶段，采用一定的方法和措施把工程造价的发生控制在合理的范围和核定的造价限额以内。

工程造价合理确定是一个动态的过程，合理确定工程造价是社会主义市场经济体制改革的需要。市场经济的变化多端，使得工程投资的确定与控制变得更加复杂，这就需要对工程造价合理确定和全面管理。

工程造价合理确定是工程项目管理中一个非常重要的方面，它是以工程项目的造价为对象，以项目的造价确定与控制为主要内容，利用科学的管理方法和先进的管理手段，合理地确定工程造价，以提高资效和企业的经营效益。科学的工程造价确定方法不仅能提高企业效益、增强企业竞争力，而且对我国建筑业的发展有着重要意义。

1.2 安装工程造价的分类与构成

1.2.1 安装工程造价的分类

安装工程是一个统称，按照基本建设的不同阶段，其相应的名称、内容、精度也不同，一般分为设计概算、施工图预算、施工预算三部分。

1.2.1.1 设计概算

（1）设计概算概念

设计概算亦称"初步设计概算"，简称"概算"，是初步设计阶段概略地计算建设项目所需全部建设费用的文件。根据初步设计或技术设计编制的工程造价的概略估算，是初步设计文件的重要组成部分。总的来说设计概算是指设计单位在初步设计或扩大初步设计阶段，在投资估算的控制下由设计单位根据初步设计或者扩大初步设计的图纸及说明书、设备清单、概算定额或概算指标、各项费用取费标准等资料、类似工程预（决）算文件等资料，用科学的方法计算和确定建筑安装工程全部建设费用的经济文件。

概算包括建设项目总概算、单项工程综合概算、单位工程概算、其他工程和费用概算等。批准的设计概算，是确定和控制建设项目造价、编制固定资产投资计划、签订总包合同、实行投资包干的依据；是控制基本建设拨款、贷款和施工图预算的依据。

（2）设计概算分类

设计概算包括单位工程概算、单项工程综合概算、其他工程的费用概算、建设项目总概算以及编制说明等，是由单个到综合，局部到总体，逐个编制，层层汇总而成。

① 单位工程概算 单位工程概算是确定各单位工程建设费用的文件，是编制单项工程综合概算的依据，也是单项工程综合概算的组成部分。单位工程概算根据设计文件、概算定额或指标、取费标准及有关预算价格等资料进行编制。在初步设计阶段，一般按概算指标编制；技术设计阶段，一般按概算定额编制。

② 单项工程综合概算 单项工程综合概算是指确定单项工程费用的文件，是建设项目

总概算的组成部分，是根据单项工程所属的各个单位工程概算汇总编制而成，确定建成后可独立发挥作用的建筑物或构筑物所需全部建设费用的文件，由该单项工程内各单位工程概算书汇总而成。

③ 其他工程的费用概算　其他工程的费用概算是指在建筑工程、设备、安装工程之外，与整个工程有关的其他工程和费用，如征地费、拆迁工程费、工程勘察设计费、建设单位管理费、生产工人培训费、生产试车费等。它组成建设项目总概算或单项工程综合概算，是根据设计文件和国家及有关规定取费定额或标准进行编制的。

④ 建设项目总概算　建设项目总概算是确定整个建设项目从筹建到竣工验收、交付使用时所需全部费用的文件。它是由各个单项工程综合概算、工程建设其他费用概算、预备费和投资方向调节税概算等汇总编制而成的，按照主管部门规定的统一表格编制。

⑤ 编制说明　某工程编制说明举例如图 1-1 所示。

```
                              编制说明
 1. 工程概况
 2. 主要技术经济指标
 3. 编制依据
 4. 工程费用计算表
 (1)建筑工程工程费用计算表；
 (2)工艺安装工程工程费用计算表；
 (3)配套工程工程费用计算表；
 (4)其他工程工程费用计算表。
 5. 引进设备、材料等有关费率取定及依据
 包括国外运输费、国外运输保险费、海关税费、增值税、国内运杂费、其他有关税费。
 6. 其他有关说明的问题
 7. 引进设备、材料从属费用计算表
```

图 1-1　某工程编制说明举例

(3) 设计概算的作用　　(音频 2-设计概算的作用)

① 设计概算是编制建设项目投资计划、确定和控制建设项目投资的依据。

② 设计概算是签订建设工程合同和贷款合同的依据。

③ 设计概算是控制施工图设计和施工图预算的依据。

④ 设计概算是衡量设计方案技术经济合理性和选择最佳设计方案的依据。

⑤ 设计概算是考核建设项目投资效果的依据。

1.2.1.2　施工图预算

(1) 施工图预算的概念及组成

施工图预算是根据施工图、预算定额、各项取费标准、建设地区的自然及技术经济条件等资料编制的建筑安装工程预算造价文件。施工图预算由预算表格和文字说明组成。工程项目（如工厂、学校等）总预算包含若干个单项工程（如车间、教室楼等）综合预算；单项工程综合预算包含若干个单位工程（如土建工程、机械设备及安装工程）预算。

总预算和综合预算由以下五项费用构成：建筑工程费；安装工程费；设备购置费；工具、器具购置费；其他工程和费用。单位工程预算由直接费、间接费、计划利润构成；设备及安装工程的单位工程预算还包括设备及其备件的购置费。

(2) 施工图预算的编制方法

施工图预算是设计文件的重要组成部分，是设计阶段控制工程造价的主要指标。概算、

预算均由有资格的设计、工程（造价）咨询单位负责编制，作为招标控制价用，由业主单位或者招标代理机构委托有资质的造价编制单位来编制；作为投标报价用，由投标单位编制；作为内部成本控制或者项目计划用，由成本控制部门或计划部门编制（或委托他人编制）。

（3）施工图预算书的构成

① 封面（单位名称、工程名称等）。

② 编制说明（主要写工程概况、编制依据等）。

③ 工程造价计算总表（综合基价合计、施工措施费等）。

④ 施工措施费分项表（施工技术措施费和施工组织措施费）。

⑤ 差价计算表（包括人工费差价、材料费差价、机械费差价等）。

⑥ 工程预算表（计算各分项综合基价、合计等）。

⑦ 工程量计算表。

⑧ 材料分析、汇总表。

（4）施工图预算的作用

① 施工图预算是设计阶段控制工程造价的重要环节，是控制施工图设计不突破设计概算的重要措施。

② 施工图预算是编制或调整固定资产投资计划的依据。

③ 对于实行施工招标的工程不属《建设工程工程量清单计价规范》（GB 50500—2013）规定执行范围的，可用施工图预算作为编制标底的依据，此时它是承包企业投标报价的基础。

④ 对于不宜实行招标而采用施工图预算加调整价结算的工程，施工图预算可作为确定合同价款的基础或作为审查施工企业提出的施工图预算的依据。

（5）施工图预算书编制流程

预算编制的工作流程：浏览收件资料，制订工作计划→熟悉项目相关的技术资料→熟悉施工图纸→列项及计算工程量→材料价格的确定，建安造价的计算→清单及控制价编制说明的编写→成果报审，项目会商定稿→材料打印、盖章、装订→成果总结、分析→清单核对。

1.2.1.3　施工预算

（1）施工预算的概念

施工预算是编制实施性成本计划的主要依据，是施工企业为了加强企业内部经济核算，在施工图预算的控制下，依据企业的内部施工定额，以建筑安装单位工程为对象，根据施工图纸、施工定额、施工及验收规范、标准图集、施工组织设计（施工方案）编制的单位工程施工所需要的人工、材料、施工机械台班用量的技术经济文件。

它是施工企业的内部文件，同时也是施工企业进行劳动调配、物资计划供应、控制成本开支、进行成本分析和班组经济核算的依据。

（2）施工预算包括的内容

① 分层、分部位、分项工程的工程量指标；

② 分层、分部位、分项工程所需人工、材料、机械台班消耗量指标；

③ 按人工工种、材料种类、机械类型分别计算的消耗总量；

④ 按人工、材料和机械台班的消耗总量分别计算的人工费、材料费和机械台班费，以及按分项工程和单位工程计算的直接费。

（3）施工预算的目的

编制施工预算的目的是按计划控制企业劳动和物资消耗量。它依据施工图、施工组织设计和施工定额，采用实物法编制。施工预算和建筑安装工程预算之间的差额，反映企业个别劳动量与社会平均劳动量之间的差别，体现降低工程成本计划的要求。

（4）施工预算的作用

① 施工企业根据编制施工计划、材料需用计划、劳动力使用计划，以及对外加工订货计划，实行定额管理和计划管理。

② 根据签发施工任务书，限额领料、实行班组经济核算以及奖励。

③ 根据检查和考核施工图预算编制的正确程度，以便控制成本、开展经济活动分析，督促技术节约措施的贯彻执行。

（5）编制方法及步骤

编制施工预算的方法主要有实物法、实物金额法和单位估价法三种。一般都是按照收集资料、计算工程量、查套施工定额、工料分析、工料汇总、计算费用、编写编制说明的步骤来编制。

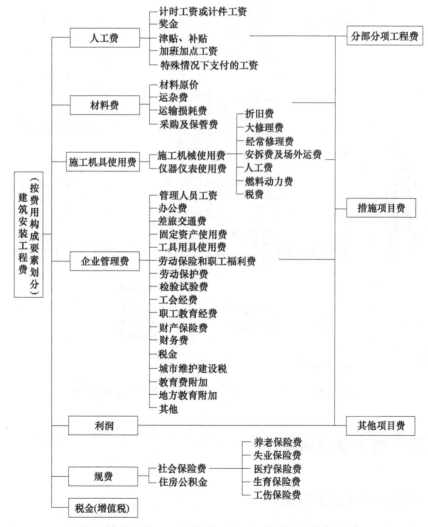

图 1-2 建筑安装工程费用项目组成（按费用构成要素划分）

1.2.2 安装工程造价的构成

（1）建筑安装工程费用项目组成（按费用构成要素划分）

建筑安装工程费按照费用构成要素划分由人工费、材料（包含工程设备，下同）费、施工机具使用费、企业管理费、利润、规费和税金（增值税）组成。其中人工费、材料费、施工机具使用费、企业管理费和利润包含在分部分项工程费、措施项目费、其他项目费中，如图 1-2 所示。

（2）建筑安装工程费按照工程造价形成的分类

建筑安装工程费按照工程造价的形成，由分部分项工程费、措施项目费、其他项目费、规费、税金（增值税）组成，分部分项工程费、措施项目费、其他项目费包含人工费、材料费、施工机具使用费、企业管理费和利润，如图 1-3 所示。

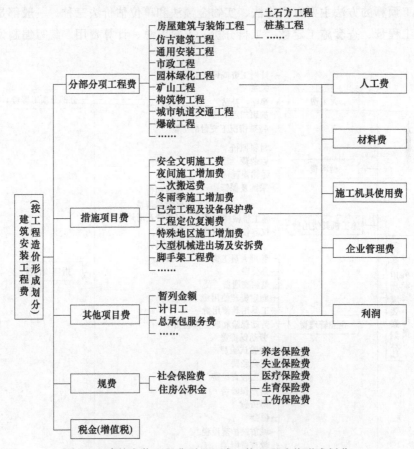

图 1-3　建筑安装工程费项目组成（按工程造价形成划分）

1.3　安装工程工程量清单计价

1.3.1　工程量清单计价的构成

工程量清单包括分部分项工程量清单、措施项目清单、其他项目清单、规费和税金五部分。

（1）分部分项工程量清单

分部分项工程量清单是表明拟建工程的全部分项实体工程名称和相应数量的清单。

（2）措施项目清单

措施项目清单是为完成分项实体工程而必须采取的一些措施性的清单。措施项目清单有通用项目清单和专业项目清单。通用项目清单主要有安全文明施工、临时设施、二次搬运、模板及脚手架等。专业项目清单根据各专业的要求列项。

（3）其他项目清单

其他项目清单是招标人提出的一些与拟建工程有关的特殊要求的项目清单。

其他项目清单根据设计要求列项。其他项目清单宜按照下列内容列项：暂列金额、暂估价（包括材料暂估价、专业工程暂估价）、计日工、总承包服务费。

① 暂列金额是指招标人在工程量清单中暂定并包括在工程合同价款中的一笔款项，用于工程合同签订时尚未确定或者不可预见的所需材料、工程设备、服务的采购，施工中可能发生的工程变更，合同约定调整因素出现时的工程价款调整以及发生的索赔、现场签证确认等的费用。

② 暂估价是指招标人在工程量清单中提供的用于支付必然发生但暂时不能确定价格的材料、工程设备的单价、专业工程以及服务工作的金额，包括材料暂估单价、工程设备暂估单价和专业工程暂估价。

③ 计日工是指在施工过程中，施工企业完成建设单位提出的施工图纸以外的零星项目或工作，按合同中约定的单价计价的一种方式。

④ 总承包服务费是指总承包人为配合、协调建设单位进行的专业工程发包，对建设单位自行采购的材料、工程设备等进行保管以及施工现场管理、竣工资料汇总整理等服务所需的费用。

（4）规费

规费是按国家法律法规授权由政府有关部门对公民、法人和其他组织进行登记、注册、颁发证书时所收取的证书费、执照费、登记费等，是现代社会许多国家在对一部分单位和个人提供特殊服务时所收取的带有工本费性质的一种收费。规费公式如下：

$$规费 = 计算基数 \times 规费费率$$

规费包含：

① 社会保险费（养老保险费、失业保险费、医疗保险费、生育保险费、工伤保险费）；

② 住房公积金，企业按规定标准为职工缴纳的住房公积金；

其他应列未列入的规费，按实际发生计取。

（5）税金

建筑安装工程费用的税金是指国家税法规定应计入建筑安装工程造价内的增值税销项税额，按税前造价乘以增值税税率确定。增值税是以商品（含应税劳务）在流转过程中产生的增值额作为计税依据而征收的一种流转税。税前工程造价为人工费、材料费、施工机具使用费、企业管理费、利润与规费之和。

1.3.2　工程量清单计价

1.3.2.1　工程量清单的概念

工程量清单是建设工程的分部分项工程项目、措施项目、其他项目、规费项目和税金项目的名称和相应数量等的明细清单，由分部分项工程量清单、措施项目清单、其他项目清单、规费税金清单组成。

1.3.2.2　工程量清单计价的优点

工程量清单计价的优点是有效控制消耗量、彻底放开价格、形成价格。

（1）有效控制消耗量

通过由政府发布统一的社会平均消耗量指导标准，为企业提供一个社会平均尺度，避免企业盲目或随意大幅度减少或扩大消耗量，从而达到保证工程质量的目的。

（2）彻底放开价格

将工程消耗量定额中的工、料、机价格和利润、管理费全面放开，由市场的供求关系自行确定价格。

"企业自主报价"——投标企业根据自身的技术专长、材料采购渠道和管理水平等，制定企业自己的报价定额，自主报价。企业尚无报价定额的，可参考使用造价管理部门颁布的《通用安装工程消耗量定额》（TY 02-31—2015）。

（3）形成价格

通过建立与国际惯例接轨的工程量清单计价模式，引入充分竞争形成价格的机制，制定衡量投标报价合理性的基础标准，在投标过程中，有效引入竞争机制，淡化标底的作用，在保证质量、工期的前提下，按国家《招标投标法》有关条理规定，最终以"不低于成本"的合理低价者中标。

1.3.2.3　工程量清单的编制步骤

（1）项目编码的设置

项目编码是以 5 级编码进行设置，用 12 位阿拉伯数字表示。

（2）项目名称

项目名称应根据工程量清单项目设置和工程量计算规则的项目名称，结合项目特征中的描述，再按照不同的项目特征组合确定该具体分项工程项目名称。

（3）计量单位

工程量的有效位数应遵守以下规定：

① 以 "t" 为计量单位的应保留小数点后三位数字，第四位小数四舍五入；

② 以 "m³" "m²" "m" "kg" 为计量单位的应保留小数点后两位数字，第三位小数四舍五入；

③ 以 "项" "个" 等为计量单位的应取整数。

（4）措施项目清单的编制

措施项目清单包括拟建工程在施工期间需要发生的施工技术措施和施工组织措施等项目内容，由招标人根据拟建工程的具体情况以及合理的施工组织和施工方案，并参照措施项目一览表列项进行编制。

1.4　工程量概述

1.4.1　工程量的概念

工程量即工程的实物数量，是以物理计量单位或自然计量单位表示各个分项或子分项工程和构配件的数量，是表现拟建工程的分部分项工程项目、措施项目、其他项目名称和相应数量的明细清单，是按照招标要求和施工设计图纸要求将拟建招标工程的全部项目和内容，依据统一的工程量计算规则、统一的工程量清单项目编制规则要求，计算拟建招标工程的分部分项工程数量的表格。

1.4.2 工程量的作用

① 工程量是确定建筑工程造价的重要依据 只有准确计算工程量，才能正确计算定额直接费、合理确定工程造价。

② 工程量是施工企业进行生产经营管理的重要依据 有利于编制施工组织设计、安排作业进度、组织材料供应计划、进行统计工作和实现经济核算。

③ 工程量是业主管理工程建设的重要依据 有利于编制建设计划、筹集资金、安排工程价款的拨付和结算、进行财务管理和核算。

④ 工程量为投标人的投标竞争提供了一个平等和共同的基础。

⑤ 工程量是工程付款和结算的依据。

⑥ 工程量是调整工程量、进行工程索赔的依据。 （音频 3-工程量的作用）

1.4.3 工程量计算的依据

（1）施工图纸

经审定的施工设计图纸及设计说明设计施工图是计算工程量的基础资料，因为施工图纸反映工程的构造和各部位尺寸，是计算工程量的基本依据。在取得施工图和设计说明等资料后，必须全面、细致地熟悉和核对有关图纸和资料，检查图纸是否齐全、正确。如果发现设计图纸有错漏或相互间有矛盾，应及时向设计人员提出修正意见，予以更正。经过审核、修正后的施工图才能作为计算工程量的依据。

（2）预算定额、工程量清单计价规范

通用安装工程预算定额系指《××省通用安装工程预算定额》（以下简称定额）以及当省造价处颁发的有关文件。定额比较详细地规定了各个分部分项工程量的计算规则和计算方法。计算工程量时必须严格按照定额中规定的计量单位、计算规则和方法进行，否则，将可能出现计算结果的数据和单位等的不致。

工程量清单计价规范系指《建设工程工程量清单计价规范》（GB 50500—2013）以及《通用安装工程工程量计算规范》（GB 50856—2013），工程量计算时应按照清单项目特征描述选择适宜的项目名称结合相应的计算规则进行计算。

（3）施工组织设计或施工方案

经审定的施工组织设计或施工技术措施方案计算工程量时，还必须参照施工组织设计或施工技术措施方案进行，计算工程量中有时还要结合施工现场的实际情况进行。

1.4.4 工程量计算的原则

工程量是编制施工图预算的基础数据，同时也是施工图预算中最烦琐、最细致的工作。工程量计算的一般原则如下。

（1）按图纸计算

工程量计算时，应严格按照图纸所标注的尺寸进行计算，不得任意加大或缩小、任意增加或减少，以免影响工程量计算的准确性。图纸中的项目要认真反复清查，不得漏项和重复计算。

（2）必须按工程量计算规则进行计算

工程量计算规则是计算和确定各项消耗指标的基本依据，也是工程量计算的准绳。

（3）口径一致

施工图列出的工程项目（工程项目所包括的内容和范围）必须与计量规则中规定的相应工程项目相一致。

（4）列出计算式

在列计算式时，必须部位清楚，详细列项标出计算式，注明计算结构构件的所处部位和轴线，保留计算书，作为复查的依据。

（5）计算准确

工程量计算的精度将直接影响工程造价确定的精度，因此，数量计算要准确。一般是按t计量的保留小数点后三位、自然计量单位的保留整数、其余保留小数点后两位。

（6）计量单位一致

工程量的计量单位，必须与计量规则中规定的计量单位相一致，有时由于使用的计量规则不同、所采用的制作方法和施工要求不同，其工程量的计量单位是有区别的，应予以注意。

（7）注意计算顺序

为了计算时不遗漏项目，又不产生重复计算，应按照一定的顺序进行计算。

1.4.5 工程量计算的方法

1.4.5.1 计算方法

对于一般安装工程，确定分部分项工程量计算顺序的原则是遵循一定的规律方便计算，不漏项。安装工程工程量计算顺序通常按照以下分类进行。

（1）给排水工程

在计算给排水工程量时，应将给水和排水、地上地下分别计算。先计算管道的数量，在计算管道工程量时应按照以下顺序：水流的方向→主管→干管→支管→水平管→用水卫生洁具。

给排水工程需要计算的项目有：①给排水管道；②阀门；③水表；④卫生洁具；⑤地漏、排水栓、清扫口；⑥管道支架；⑦套管；⑧管道冲洗消毒；⑨防腐、刷油、绝热；⑩土方等。

当在图纸上采用比例尺计算管道长度时，管道的实际长度应乘以比例数，以免混淆发生错误；同时，应随时在图纸上注明已计算管道和设备，以免漏算和重算。

（2）采暖工程

在计算管道工程量时应分别不同供水方式先计算给水、回水干管（区分地上地下、不同管径），再计算每个立管和水平支管。

采暖工程需要计算的项目有：①给水管道、回水管道；②阀门、补偿器；③散热器；④支吊架制作安装；⑤套管的制作安装；⑥结构防腐、刷油、绝热；⑦土方管；⑧系统调试。

（3）电气安装工程

计算管线时的顺序为：引入线→总配电箱→各单元配电箱→各层配电箱→各个回路。

计算步骤：先算管（槽）后算线（缆），管（槽）不进箱、线（缆）进箱。

电气安装工程需要计算的项目有：①配管；②管内配线；③配电箱；④插座、开关；⑤灯具；⑥电缆敷设；⑦电缆接头；⑧系统调试；⑨避雷网安装；⑩避雷引下线、接地极、接地母线、电阻测试等。

1.4.5.2　工程量汇总注意事项

① 按项目的材质、型号、规格分类按计量单位汇总，不要错汇或漏汇。

② 按安装的方式分部位汇总（如管道安装，分室内室外、丝接或是焊接还是法兰连接）。

③ 汇总时最好按定额项目编排序列将工程项目顺序汇总便于套价，也使人一目了然。例如：a. 管道安装汇总顺序，给水：管道（室外）→管道（室内）→排水（外管道）雨水管→废水管→粪水管→（室内管道）雨水管→废水管→粪水管→水表（室内）→阀门→卫生器具→支架制安→管道冲洗→防腐刷油→土方（刨沟）。b. 电气安装汇总：配电设备→配电柜（箱）→电缆敷设→配管（桥架）→管内穿线→电气（灯具）→避雷→支架→防腐刷油→土方（刨沟）。

扫码看图片、音/视频

第❷章 ▶▶▶

机械设备安装工程

2.1 切削设备安装

2.1.1 切削设备的概念

切削设备是用刀具对金属及木料工件进行切削加工，使之获得预定形状、精度及表面粗糙度的机械设备。

2.1.2 切削设备的分类

（1）切削机床

切削机床包括的种类有仪表机床、车床、钻床、镗床、磨床、齿轮加工机床（图2-1）、螺纹加工机床、刨床、拉床、插床、超声波加工机床、电加工机床、金属材料实验机械、数控机床和木工机械、其他切削机床（图2-2）、跑车带锯机等。📹 **（视频1-数控机床）**

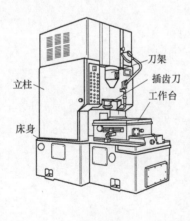

立柱
刀架
插齿刀
工作台
床身

(a) 构造图

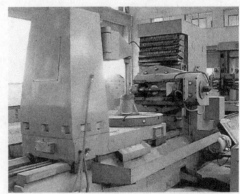

(b) 实物图

图 2-1 齿轮加工机床

（2）铣床、齿轮及螺纹加工机床

铣床（图2-3）包括单臂及单柱铣床、龙门及双柱铣床、平面及单面铣床仿型铣床、立式及卧式铣床、工具铣床、其他铣床。齿轮及螺纹加工机床包括直（锥）齿轮加工机床、滚

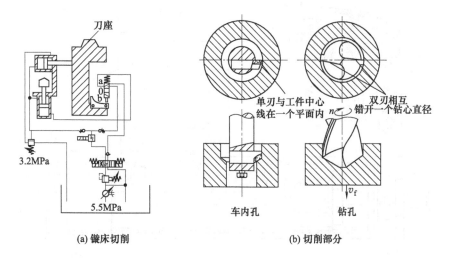

| (a) 镗床切削 | (b) 切削部分 |

图 2-2 其他切削机床

齿机、剃齿机、珩齿机、插齿机、单（双）轴花键轴铣床、齿轮磨齿机、齿轮倒角机、齿轮滚动检查机、套螺纹机、攻螺纹机、螺纹铣床、螺纹磨床、螺纹车床、丝杠加工机床，按设计图示数量以"台"计算。

（3）磨床

磨床包括外圆磨床、内圆磨床、砂轮机、珩磨机及研磨机、导轨磨床、2M 系列磨床、3M 系列磨床、专用磨床、抛光机、工具磨床、平面及端面磨床、刀具刃磨床、曲轴/凸轮轴/花键轴/轧辊及轴承磨床，外圆磨床结构图如图 2-4 所示，按设计图示数量以"台"计算。

（4）车床

车床包括单轴自动车床、多轴自动和半自动车床、六角车床、曲轴及凸轮轴车床、落地车床、普通车床、精密普通机床、仿形普通车床、马鞍车床、重型普通

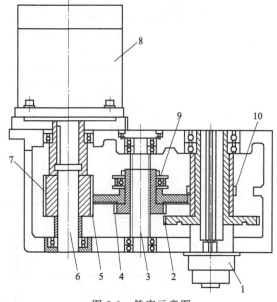

图 2-3 铣床示意图

1—主轴；2—主轴上的大齿轮；3—中间轴；4—滑移齿轮上的小齿轮；5—滑移齿轮上的大齿轮；6—电动机轴；7—电机上的齿轮；8—主轴电机；9—滑移齿轮轴承套；10—主轴上的小齿轮

车床、仿形及多刀车床、联合车床、无心粗车床、轮齿/轴齿/锭齿/辊齿及铲齿车床，车床示意如图 2-5 所示，按设计图示数量以"台"计算。

车床的结构及工作原理示意图如图 2-6 所示。

2.1.3 清单计算规则

清单计算规则：按设计图示数量计算，计量单位：台。

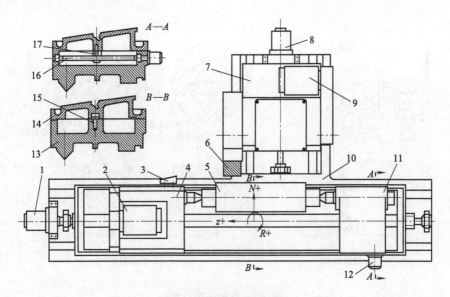

图 2-4 外圆磨床结构图

1—z 轴电机；2—主轴电机；3—修整器；4—主轴箱；5—工件；6—砂轮；7—砂轮架；

8—x 轴电机；9—砂轮电机；10—床身；11—尾座；12—B 轴电机；13—下工作台；

14—上工作台；15—定位心轴；16—丝杆；17—丝杆螺母

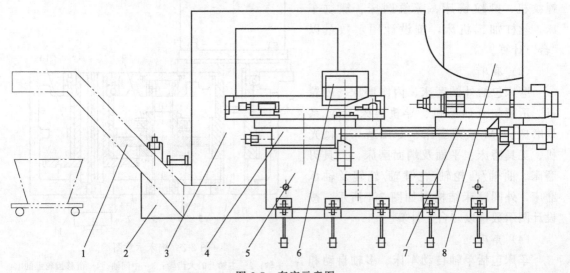

图 2-5 车床示意图

1—排屑装置；2—液压站；3—防护装置；4—回转工作台；5—床身部件；6—控制面板；7—拖板部件；8—电控柜

2.1.4 案例解读

【例 2-1】 建筑施工现场需要木模板切割机两台，木工平台示意图如图 2-7 所示，同时每台切割机需要配备刨床、锯切。试求该工程木工机械工程量。

【解】 清单工程量计算规则：按设计图示数量计算。

木工机械工程量=2（台）。

刨床机械工程量=2（台）。

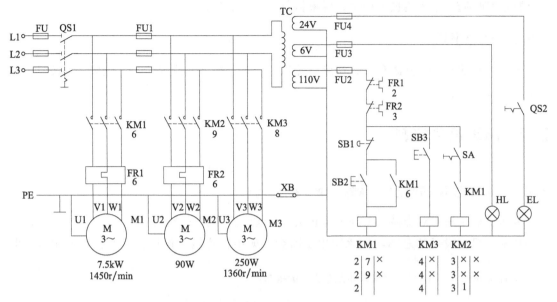

图 2-6 车床的结构及工作原理示意图

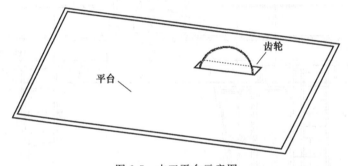

图 2-7 木工平台示意图

锯切机械工程量＝2（个）。

【小贴士】 式中：清单工程量计算数据皆根据题示及图示所得。

【注意事项】 木工机械工程量，皆根据设计要求配备。

【例 2-2】 建筑施工现场一些特殊金属部件需要特定的形状，显然用手工是做不成的，这就需要借助液压机，液压机示意图如图 2-8 所示，已知该工程共有四栋单元楼同时施工，需要在每个现场配备一台液压机，试求该液压机安装工程量。

【解】 清单工程量计算规则：按设计图示数量计算。

液压机安装工程量＝2（台）。

【小贴士】 式中：清单工程量计算数据皆根据题示及图示所得。

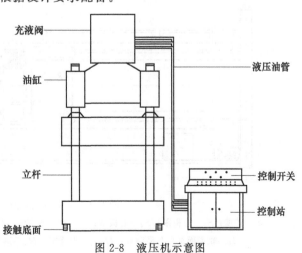

图 2-8 液压机示意图

【注意事项】 木工机械工程量，皆根据设计要求配备。

2.1.5 注意事项

台式及仪表机床、立式车床、钻床、镗床、刨床、插床、拉床、木工机械，均按设计图示数量以"台"计算。

2.2 起重设备安装

2.2.1 起重设备的概念 （图 1-起重设备）

起重机械是用来对物料、工件进行起重、运输、装卸和安装等作业以及对人员进行提升运输作业的机械设备的总称，广泛应用于冶金、矿山、建筑、铁道、交通、机械制造、电力、农林等部门。 （音频 1-起重设备的概念）

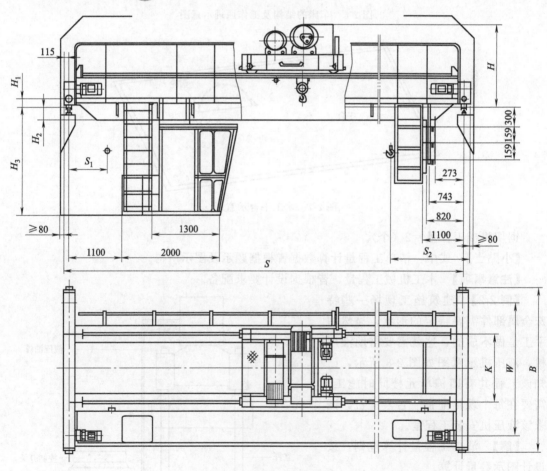

图 2-9 双梁桥式起重机构造图

S—跨度；S_1—左极限；S_2—右极限；K—小车轨道中心距；W—端梁车轮中心距；B—端梁总长；

H—轨道面至小车最高点；H_1—轨道面宽；H_2—踏面至轨道面；H_3—轨道面至司机室

2.2.2　起重设备的分类

一些常用到的起重设备有双梁桥式起重机（图 2-9、图 2-10）、单梁吊钩门式起重机（图2-11）、电动壁行悬臂挂式起重机、旋臂壁式起重机、旋臂立柱式起重机、电动葫芦。

（视频 2-旋臂壁式起重机）

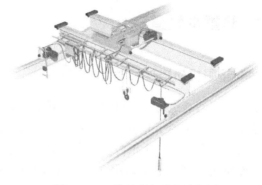

图 2-10　双梁桥式起重机示意图

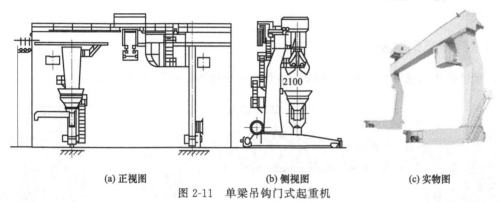

(a) 正视图　　　　　　　(b) 侧视图　　　　　　　(c) 实物图

图 2-11　单梁吊钩门式起重机

2.2.3　清单计算规则

清单计算规则：按设计图示数量计算，计量单位：台。

2.2.4　案例解读

【例 2-3】　图 2-12 所示为电动双梁桥式起重机，吊车跨度为 20m，安装高度为 15m，已知该起重机需要两个电动葫芦制动。试求起重机工程量。

【解】　清单工程量计算规则：按设计图示数量计算。

铸铁平台工程量＝1（台）。

电动葫芦工程量＝2（台）。

【小贴士】　式中：清单工程量计算数据皆根据题示及图示所得。

【注意事项】　起重机都配备电动葫芦，但是不同型号配备数量不同。

图 2-12　电动双梁桥式起重机示意图

2.2.5　注意事项

桥式起重机、吊钩门式起重机、梁式起重机、电动壁行/悬臂挂式起重机、旋臂壁式起重机、旋臂立柱式起重机、电动葫芦、单轨小车，根据工程量计算规范，按设计图示数量以"台"计算。

2.3 起重机轨道安装

2.3.1 起重机轨道的概念

起重机运行轨道有起重机钢轨、铁路钢轨和方钢。钢轨的顶部是凸状的，底部是具有一定宽度的平板，增加了与基础的接触面；轨道的截面多为工字形，具有良好的抗弯强度。方钢可以看作平顶钢轨，由于对车轮磨损大，一般只用于起重量较小、运行速度较慢、工作不频繁的起重机。钢轨通常采用含碳、锰较高的钢材（C 含量为 0.5%～0.8%、Mn 含量为 0.6%～1.5%）轧制而成。起重机轨道的典型材料为 U71Mn 钢。方钢主要用 Q275 的方钢或扁钢制成。

2.3.2 起重机钢轨图

起重机钢轨示意图如图 2-13 所示，起重机钢轨现场图如图 2-14 所示。

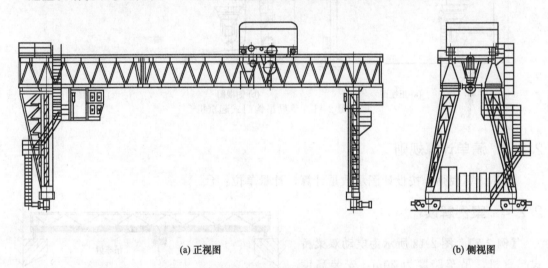

(a) 正视图   (b) 侧视图

图 2-13   起重机钢轨示意图

2.3.3 清单计算规则

按设计图示尺寸，以单根轨道长度计算。

2.3.4 案例解读

【例 2-4】 某双梁桥式起重机轨道如图 2-15 所示，根据图示，试求起重机轨道工程量。

【解】 清单工程量计算规则：按设计图示尺寸，以单根轨道长度计算。

起重机轨道工程量 $L=15\times3=45$ （m）。

【小贴士】 式中：15 为柱间距（m），15×3 即为单根轨道长度（m）。

2.3.5 注意事项

清单计算规则只计算单根轨道长度，即双轨的起重机也只按起重机运行总距离计算。

图 2-14 起重机钢轨现场图

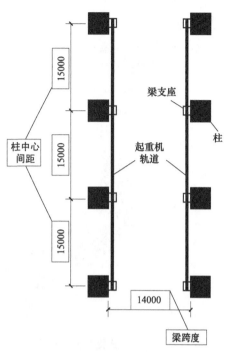

图 2-15 某双梁桥式起重机轨道示意图

2.4 输送设备安装

2.4.1 输送设备的概念

输送设备是以连续的方式沿着一定的路线从装货点到卸货点输送散装货物和成件货物的机械设备。

2.4.2 输送设备的分类

一些常用到的起重设备有斗式提升机（图 2-16、图 2-17）、刮板输送机（图2-18、图2-19）、板（裙）式输送机、悬挂输送机、固定式胶带输送机、螺旋输送机、卸矿车、皮带秤。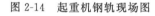（视频 3-卸矿车）

输送设备通常按有无牵引件（链、绳、带）分类，具体分类情况如下。

（1）具有挠性牵引件的输送设备 （视频 4-具有挠性牵引件的输送设备）

有带式输送机、链板输送机、刮板输送机、埋刮板输送机、小车输送机、悬挂输送机，斗式提升机等。其工作特点是把物品置于承载件上，由挠性牵引件、搬运承载件沿着固定的线路运动，靠物品和承载件的摩擦力使物品与牵引件在工作区段上一起移动，如图 2-20所示。

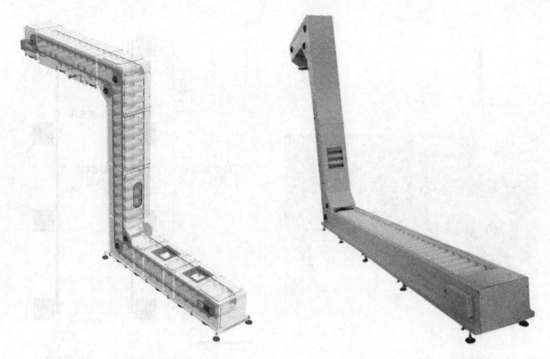

图 2-16 斗式提升机结构图　　　　　　　　　图 2-17 斗式提升机实物图

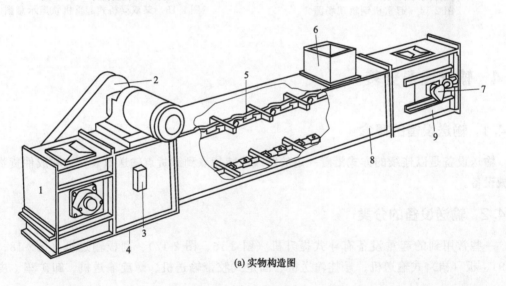

(a) 实物构造图

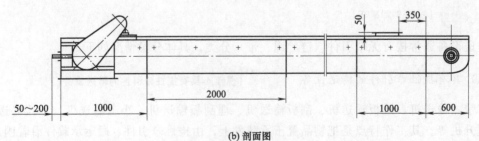

(b) 剖面图

图 2-18 刮板输送机结构图

1—头部；2—驱动装置；3—堵料探测器；4—卸料口；5—刮板链条；6—加料口；7—断链指示器；8—中间段；9—尾部

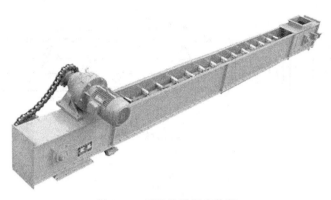

图 2-19 刮板输送机实物图

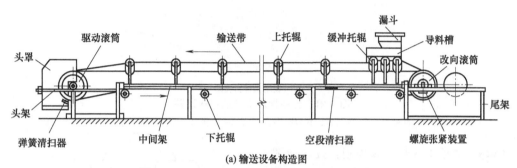

(a) 输送设备构造图

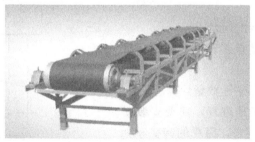

(b) 输送设备实物图

图 2-20 具有挠性牵引件的输送设备

（2）无挠性牵引件的输送设备 （视频 5-无挠性牵引件的输送设备）

有螺旋输送机、滚柱输送机、气力输送机等、其工作特点是物品与推动件分别运动。推动件做旋转运动（滚子输送机）或往复运动（振动输送机）时，依靠物品与承载件间的摩擦力或惯性力，使物品向前运动，而推运件自身仍保持或回复到原来位置，如图 2-21 所示。

2.4.3 清单计算规则

清单计算规则：按设计图示数量计算，计量单位：台。

2.4.4 案例解读

【例 2-5】 某施工现场设有两个搅拌站，每个搅拌站配备一台斗式提升机，斗式提升机示意图如图 2-22 所示，试求该施工现场斗式提升机的工程量。

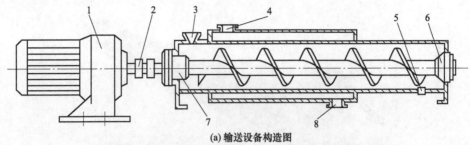

(a) 输送设备构造图

(b) 输送设备实物图

图 2-21　无挠性牵引件的输送设备

1—减速机；2—联轴器；3—进料口；4—冷却水出口；5—出料口；6，7—轴承座；8—冷却水入口

【解】　清单工程量计算规则：按设计图示数量计算。

斗式提升机工程量＝2（台）。

【小贴士】　式中：清单工程量计算数据皆根据题示及图示所得。

【注意事项】　只根据实际数量计算。

【例 2-6】　在一处工地现场，需要安装矿车将不远处的石块运送过去，需要的卸矿车如图 2-23 所示，根据图示，试求卸矿车安装工程量。

【解】　清单工程量计算规则：按设计图示数量计算。

卸矿车安装工程量＝2（台）。

【小贴士】　式中：清单工程量计算数据皆根据题示及图示所得。

【注意事项】　根据图示实际数量计算。

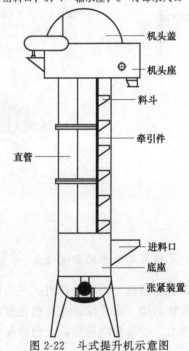

图 2-22　斗式提升机示意图

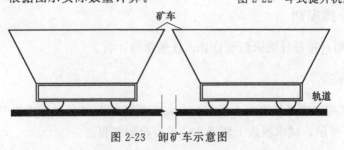

图 2-23　卸矿车示意图

2.5 压缩机安装

2.5.1 压缩机的概念 (图 2-压缩机) (音频 2-压缩机的概念) (视频 6-压缩机)

压缩机是一种压缩气体体积并提高气体压力或输送气体的机器。各种压缩机都属于动力机械，能将气体体积缩小，压力增高，具有一定的动能，可作为机械动力或其他用途。

2.5.2 压缩机的分类

① 按照《建设工程分类标准》（GB/T 50841—2013）中风机设备安装工程类别划分，可分为活塞式压缩机（图 2-24）、回转式螺杆压缩机（图 2-25）、离心式压缩机（电动机驱动）等。

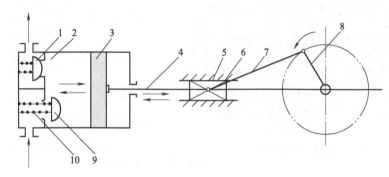

(a) 活塞式压缩机工作原理图

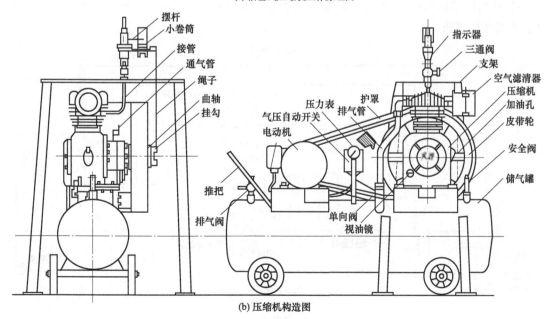

(b) 压缩机构造图

图 2-24

(c) 压缩机实物图

图 2-24 活塞式压缩机图

1—排气阀；2—气缸；3—活塞；4—活塞杆；5,6—十字头与滑道；7—连杆；8—曲柄；9—吸气阀；10—弹簧

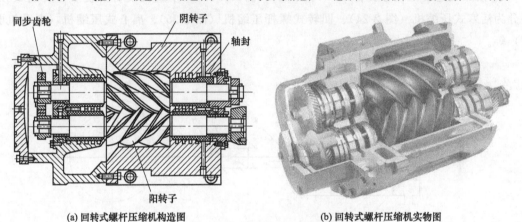

(a) 回转式螺杆压缩机构造图   (b) 回转式螺杆压缩机实物图

图 2-25 回转式螺杆压缩机示意图

② 按所压缩的气体不同，压缩机可分为空气压缩机（图 2-26）、氧气压缩机、氨压缩机、天然气压缩机。

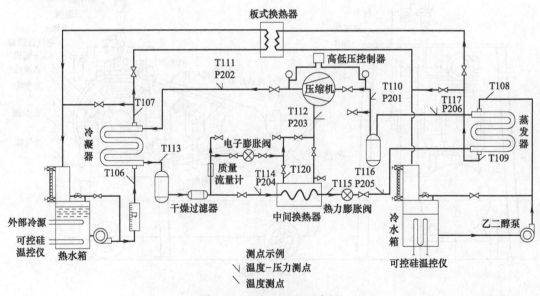

图 2-26 空气压缩机示意图

③ 按照压缩气体方式可分为容积式压缩机和动力式压缩机两大类。按结构形式和工作原理，容积式压缩机可分为往复式（活塞式、膜式）压缩机和回转式（滑片式、螺杆式、转子式）压缩机；动力式压缩机可分为轴流式压缩机、离心式压缩机（图 2-27）和混流式压缩机。

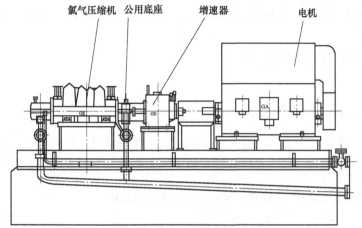

图 2-27 离心式压缩机构造图

④ 按压缩次数可分为单级压缩机、两级压缩机、多级压缩机。

⑤ 按气缸的布置方式可分为立式压缩机、卧式压缩机、L 形压缩机、V 形压缩机、W 形压缩机、扇形压缩机、M 形压缩机、H 形压缩机。

⑥ 按气缸的排列方法可分为串联式压缩机、并列式压缩机、复式压缩机、对称平衡式压缩机——气缸横卧排列在曲轴轴颈互成 180°的曲轴两侧，布置成 H 形、D 形、M 形，其惯性力基本能平衡（大型压缩机都朝此方向发展）。

⑦ 按压缩机的排气最终压力划分，可分为低压压缩机、中压压缩机、高压压缩机、超高压压缩机。

2.5.3 清单计算规则

清单计算规则：按设计图示数量计算，计量单位：台。

2.5.4 案例解读

【例 2-7】 图 2-28 所示为活塞式压缩机结构原理图，施工现场安装两台不同型号活塞式压缩机，试问其工程量为多少？

【解】 清单工程量计算规则：按设计图示数量计算。

活塞式压缩机工程量 $W=2$（台）。

【小贴士】 式中：清单工程量计算数据皆根据题示及图示所得。

【注意事项】 根据图示及设计要求的实际数量计数。

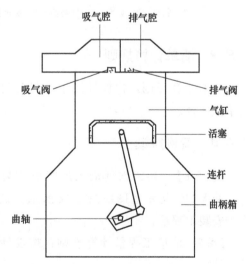

图 2-28 活塞式压缩机结构原理图

2.5.5 注意事项

① 设备质量包括同一底座上主机、电动机、仪表盘及附件、底座等的总质量，但立式

及 L 形压缩机、螺杆式压缩机、离心式压缩机不包括电动机等动力机械的质量。

② 活塞式 D、M、H 形对称平衡压缩机的质量包括主机、电动机及随主机到货的附属设备的质量，但其安装不包括附属设备安装。

③ 随机附属静置设备，应按静置设备与工艺金属结构制作安装工程相关项目编码列项。

2.6 机械设备工业炉安装

2.6.1 机械设备工业炉的概念

工业炉是在工业生产中，利用燃料燃烧或电能转化的热量，将物料或工件加热的热工设备。广义地说，锅炉也是一种工业炉，但习惯上人们不把它包括在工业炉范围内。

2.6.2 机械设备工业炉的分类 (视频 7-电阻炉)

一些常用到的工业炉有电弧炼钢炉、燃气工业炉、冲天炉、真空炉、高频及中频感应炉、电阻炉、加热炉、解体结构井式热处理炉，如图 2-29～图 2-31 所示。

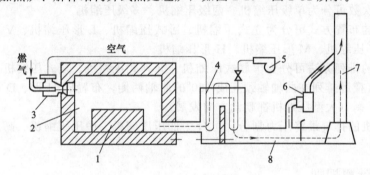

图 2-29 燃气工业炉系统示意图

1—物料；2—炉膛；3—燃烧器；4—换热器；5—风机；6—排烟机；7—烟囱；8—水平烟道

2.6.3 清单计算规则

清单计算规则：按设计图示数量计算，计量单位：台。

2.6.4 案例解读

【例 2-8】 某铸铁制造工厂需设一处冲天炉，冲天炉结构示意图如图 2-32 所示，试求冲天炉安装工程量。

【解】 清单工程量计算规则：按设计图示数量计算。

冲天炉安装工程量 $W=1$（台）。

【小贴士】 式中：清单工程量计算数据皆根据题示及图示所得。

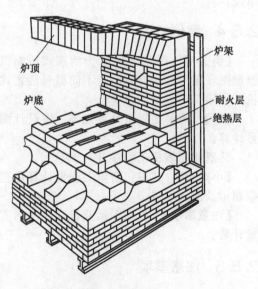

图 2-30 工业炉结构示意图

【注意事项】　根据图示及设计要求的实际数量计数。

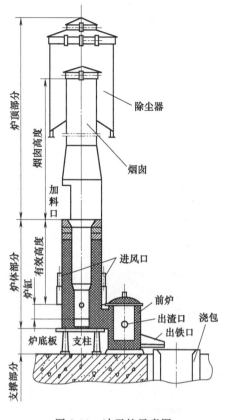

图 2-31　冲天炉示意图

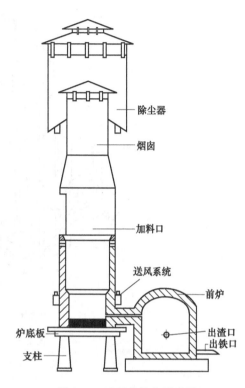

图 2-32　冲天炉结构示意图

2.6.5　注意事项

附属设备钢结构及导轨，应按静置设备与工艺金属结构制作安装工程相关项目编码列项。

2.7　电梯安装

2.7.1　电梯的概念

根据国家标准《电梯、自动扶梯、自动人行道术语》（GB/T 7024—2008）规定的电梯定义：电梯是服务于规定楼层的固定式升降设备。它具有一个轿厢，运行在至少两列垂直或倾斜角小于 15°的刚性导轨之间。轿厢尺寸与结构形式便于乘客出入或装卸货物。根据上述定义，人们平时在商场、车站见到的自动扶梯和自动人行道、并不能被称为电梯，它们只是垂直运输设备中的一个分支或扩充。

2.7.2　电梯的分类　　（视频 8-自动扶梯）

一些常用到的电梯有小型杂货电梯、观光电梯、液压电梯（图 2-33）、轮椅升降台、自动步行道、自动扶梯（图 2-34）。

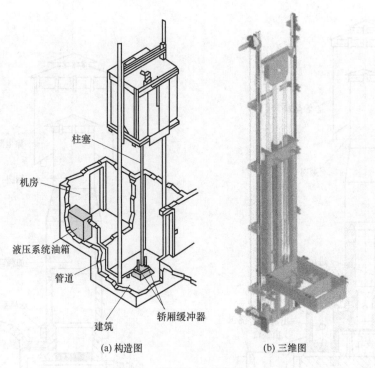

柱塞

机房

液压系统油箱

管道

建筑

轿厢缓冲器

(a) 构造图　　　　(b) 三维图

图 2-33　液压电梯示意图

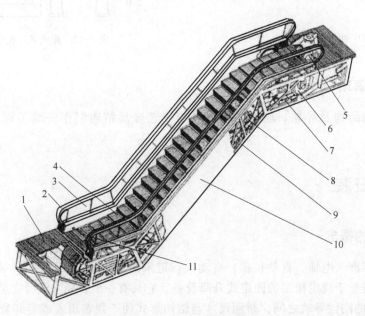

图 2-34　自动扶梯结构图
1—楼层板；2—扶手带；3—护臂板；4—梯级；5—端部驱动装置；6—牵引链轮；7—牵引链条；
8—扶手带压紧装置；9—扶梯桁架；10—裙板；11—梳齿板

电梯井平面图如图 2-35 所示。

电梯井道示意图如图 2-36 所示。

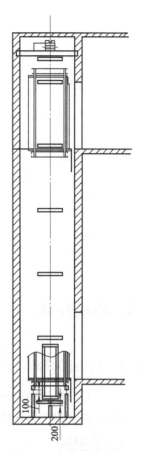

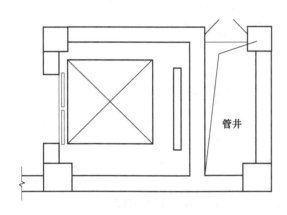

图 2-35　电梯井平面图

图 2-36　电梯井道示意图

2.7.3　清单计算规则

清单计算规则：按设计图示数量计算，计量单位：部。

2.7.4　案例解读

【例 2-9】　某小区共有 7 栋单元楼，每栋楼配备一部客梯和一部货梯，为满足人流量需求，客梯采用直流高速电梯，货梯采用交流电梯，电梯布置如图 2-37 所示，试求该小区电梯工程量。

【解】　清单工程量计算规则：按设计图示数量计算。

交流电梯工程量＝7（部）。

直流电梯工程量＝7（部）。

【小贴士】　式中：清单工程量计算数据皆根据题示及图示所得。

【注意事项】　小区共有 7 栋单元楼，每栋楼各有一部货梯和客梯，故工程量相同。

2.7.5　注意事项

附属设备钢结构及导轨，应按静置设备与工艺金属结构制作安装工程相关项目编码列项。

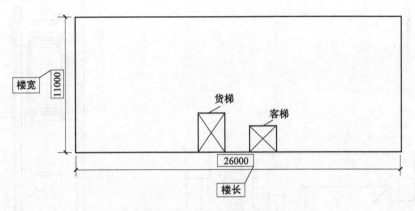

图 2-37　电梯布置示意图

2.8　风机安装

2.8.1　风机的概念　（图 3-风机）　（音频 3-风机的概念）

风机是依靠输入的机械能，提高气体压力并排送气体的机械，它是一种从动的流体机械。风机是我国对气体压缩和气体输送机械的习惯简称，通常所说的风机包括通风机、鼓风机、风力发电机。

风机广泛用于工厂、矿井、隧道、冷却塔、车辆、船舶和建筑物的通风、排尘和冷却；锅炉和工业炉窑的通风和引风；空气调节设备和家用电器设备中的冷却和通风；谷物的烘干和选送；风洞风源和气垫船的充气和推进等。

2.8.2　风机的分类

① 按照《建设工程分类标准》（GB/T 50841—2013）中风机设备安装工程类别划分，可分为：离心式通风机（图 2-38）、离心式引风机、轴流通风机（图2-39）、回转式鼓风机（图 2-40）、离心式鼓风机。

② 按照气体在旋转叶轮内部流动方向划分，可分为离心式风机、轴流式风机、混流式风机。

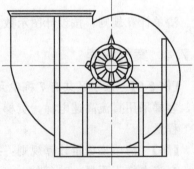

图 2-38　离心式通风机构造图

（视频 9-离心式风机）

③ 按结构形式划分，可分为单级风机、多级风机。

④ 按照排气压强的不同划分，可分为通风机、鼓风机、压气机。

2.8.3　清单计算规则

清单清单计算规则：按设计图示数量计算，计量单位：台。

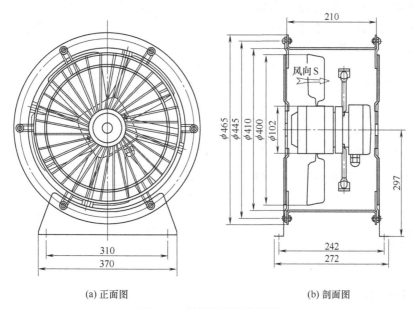

(a) 正面图   (b) 剖面图

图 2-39 轴流通风机构造图

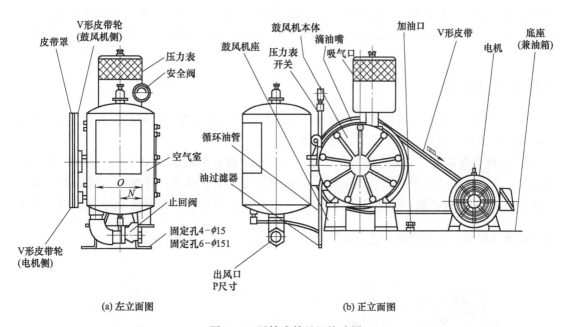

(a) 左立面图   (b) 正立面图

图 2-40 回转式鼓风机构造图

2.8.4 案例解读

【例 2-10】 如图 2-41 所示为离心式通风机示意图，某商场一侧全长 34m，该侧每隔 10m 有一处通风口，同时安装有离心式通风机，试求该侧离心式通风机工程量。

【解】 清单工程量计算规则：按设计图示数量计算。

离心式通风机工程量 $W = 34 \div 10 \approx 4$（台）。

【小贴士】 式中：34 为商场长度（m）；10 为风机间隔（m）。

【注意事项】 风机安装必须为整数，不满整数的需进位成整数，有时也可根据工程实况进行调整。

2.8.5 注意事项

① 直联式风机的质量包括本体及电动机、底座的总质量。

② 风机支架应按静置设备与工艺金属结构制作安装工程相关项目编码列项。

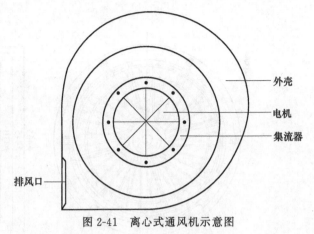

图 2-41 离心式通风机示意图

2.9 泵安装

2.9.1 泵的概念

泵是输送流体或使流体增压的机械，它将电动机的机械能或其他外部能量传送给液体，使液体能量增加。泵主要用来输送水、油、酸碱液、乳化液、悬乳液和液态金属等液体，也可输送液、气混合物及含悬浮固体物的液体。水泵只能输送以流体为介质的物体，不能输送固体。

2.9.2 泵的分类

泵是用途较广泛的机械设备，一般可分为切削泵、压缩机等，设备的性能一般以其参数来明确。泵的种类很多，其分类方法也很多。

① 按照泵设备安装工程类别划分，根据《建设工程分类标准》（GB/T 50841—2013），可分为：蒸汽往复泵（图 2-42）、旋涡泵、电动往复泵、齿轮油泵、计量泵（图 2-43）、离心式泵（图 2-44）、螺杆泵、柱塞泵（图 2-45）、真空泵、屏蔽泵、简易移动潜水泵等。其中离心式泵效率高，结构简单，适用范围最广。 **（视频 10-离心式泵）**

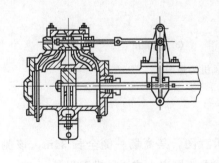

(a) 剖面图

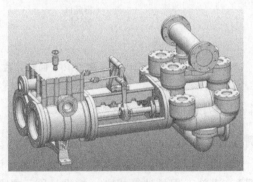

(b) 三维图

图 2-42 蒸汽往复泵构造图

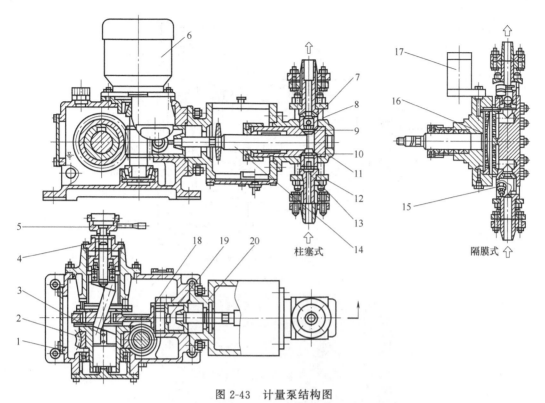

图 2-43 计量泵结构图

1—传动箱体；2—蜗轮部件；3—N 轴部件；4—调节螺杆部件；5—调节手轮；6—电动机；7—阀套；
8—阀球；9—出口阀；10—套；11—缸体；12—填料；13—进口阀；14—柱塞；15—充液阀组；
16—隔膜；17—安全补油阀组；18—十字头；19—连杆；20—托架

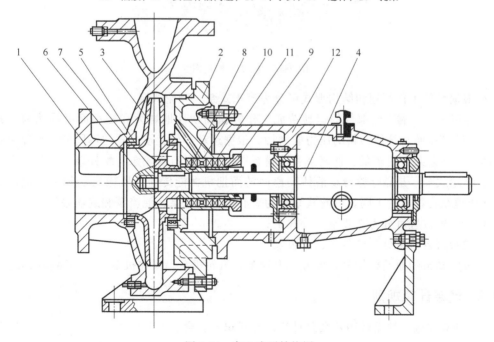

图 2-44 离心式泵结构图

1—泵体；2—泵盖；3—叶轮；4—轴；5—密封环；6—叶轮螺母；7—止动垫圈；8—轴套；
9—填料压盖；10—填料环；11—填料；12—悬架轴承部件

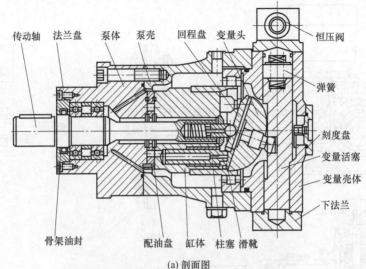

(a) 剖面图

(b) 三维图

图 2-45 柱塞泵构造图

② 根据泵的工作原理和结构形式可分为容积式泵、叶轮式泵。

a. 容积式泵 靠工作部件的运动造成工作容积周期性地增大和缩小而吸排物料,并靠工作部件的挤压而直接使物料的压力能增加。根据运动部件运动方式的不同分为往复泵和回转泵两类:往复泵有活塞泵、柱塞泵和隔膜泵等;回转泵有齿轮泵、螺杆泵和叶片泵等。

b. 叶轮式泵 是靠叶轮带动液体高速回转而把机械能传递给所输送的物料。根据泵的叶轮和流道结构特点的不同,叶轮式泵分为离心泵、轴流泵、混流泵和旋涡泵等。

③ 按泵轴位置可分为立式泵、卧式泵。

④ 按吸口数目可分为单吸泵、双吸泵。

⑤ 按驱动泵的原动机划分,可分为电动泵、汽轮机泵、柴油机泵、气动隔膜泵等。

2.9.3 清单计算规则

清单计算规则:按设计图示数量计算,计量单位:台。

2.9.4 案例解读

【例 2-11】 现安装 2 台离心式泵,型号采用 40ZW10-20,泵组示意图如图 2-46 所示,

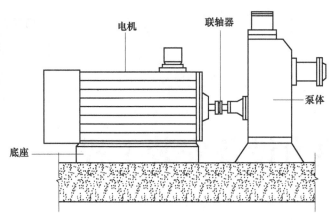

图 2-46 泵组示意图

试求离心式泵安装工程量。

  【解】 清单工程量计算规则：按设计图示数量计算。

  离心式泵安装工程量 $W=2$（台）。

  【小贴士】 式中：清单工程量计算数据皆根据题示及图示所得。

  【注意事项】 根据图示及设计要求的实际数量计数。

2.9.5 注意事项

  直联式泵的质量包括本体、电动机及底座的总质量；非直联式泵的质量不包括电动机质量；深井泵的质量包括本体、电动机、底座及设备扬水管的总质量。

扫码看图片、音/视频

第❸章 ▶▶▶

热力设备安装工程

3.1 中压锅炉风机安装

3.1.1 中压锅炉风机 (图 1-中压锅炉风机)

3.1.1.1 中压风机的描述 (视频 1-中压风机)

　　风机是依靠输入的机械能,提高气体压力并排送气体的机械,它是一种从动的流体机械。现在常见中压风机为离心风机,叶轮外覆有机械外壳,叶轮的中心为进气口。中压风机的气体处理过程都是在同一径向平面内完成的,因此中压风机也叫作径流离心风机。

3.1.1.2 施工图识图

　　中压风机构造图如图 3-1 所示,中压风机实物图如图 3-2 所示。

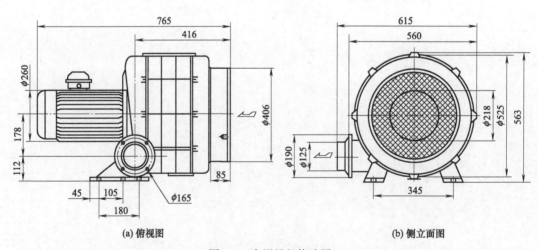

(a) 俯视图 　　　　　　　　　　　　　　　(b) 侧立面图

图 3-1 　中压风机构造图

3.1.1.3 中压风机安装清单计算规则

　　清单计算规则:按设计图示数量计算。

3.1.1.4 案例解读

　　【例 3-1】某锅炉房安装两台离心式引风机,其规格为 Y5-47-11 型 12D 机号,引风量

为 54500m³/h，风机全压 3462Pa，电机功率 71.1kW，同时
对应安装两台离心式送风机，规格为 G5-47-11 型 9C 机号，
风机全压 2324Pa，电机功率 33.2kW。试计算送、引风机清
单工程量。

【解】 送、引风机工程量计算规则：按设计图示数量
计算。

送风机清单工程量：2（台）。

引风机清单工程量：2（台）。

【例 3-2】 某型号为 SG-75-29/450-50492 的中压煤粉
炉，已知其额定蒸发量为 75t/h，试求其锅炉本体设备安装
工程量。

图 3-2 中压风机实物图

【解】 钢炉架工程量计算规则：按制造厂设备安装图示
质量计算。

SG-75-29/450-50492 中压煤粉炉钢炉架清单工程量：51.9（t）。

汽包工程量计算规则：按设计图示数量计算。

SG-75-29/450-50492 中压煤粉炉汽包清单工程量：1（台）。

水冷系统、过热系统、省煤器、管式空气预热器、本体管路系统、锅炉本体金属结构、
锅炉本体平台扶梯、出渣装置工程量计算规则：按制造厂的设备安装图示质量计算。

SG-75-29/450-50492 中压煤粉炉水冷系统清单工程量：32.06（t）。

SG-75-29/450-50492 中压煤粉炉过热系统清单工程量：24.28（t）。

SG-75-29/450-50492 中压煤粉炉省煤器清单工程量：31.10（t）。

SG-75-29/450-50492 中压煤粉炉管式空气预热器清单工程量：49.50（t）。

SG-75-29/450-50492 中压煤粉炉本体管路系统清单工程量：5.53（t）。

SG-75-29/450-50492 中压煤粉炉锅炉本体金属结构清单工程量：29.45（t）。

SG-75-29/450-50492 中压煤粉炉锅炉本体平台扶梯清单工程量：18.20（t）。

SG-75-29/450-50492 中压煤粉炉出渣装置清单工程量：111.57（t）。

炉排安装及燃烧装置工程量计算规则：按设计图示数量计算。

SG-75-29/450-50492 中压煤粉炉炉排安装及燃烧装置清单工程量：1（套）。

3.1.2 除渣机

3.1.2.1 除渣机的定义 （视频 2-除渣机）

除渣机是清除炉料的设备，它主要由渣斗、底盖、纵梁、重锤架、配重锤、主轴及轴
承、缓冲制动器、喷水器、溢水器、限位器等部分组成。

3.1.2.2 施工图识图

除渣机构造图如图 3-3 所示，除渣机现场施工实物图如图 3-4 所示。

3.1.2.3 除渣机清单计算规则

清单计算规则：按设计图示数量计算。

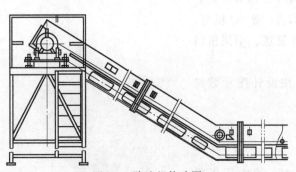

图 3-3　除渣机构造图

图 3-4　除渣机现场施工实物图

3.1.2.4　案例解读

【例 3-3】　某蒸汽锅炉系统中，其所采用的设备型号、规格如下：

(1) 块装蒸汽锅炉 KZL2-0.7-W：3（台）；

(2) 鼓风机：3（台）；

(3) 引风机：6（台）；

(4) 水膜除尘器：3（台）；

(5) 全自动钠离子软水处理装置 8t/h：3（台）；

(6) 循环水泵离心式：4（台）；

(7) 板式换热器：2（台）；

(8) 分汽缸：1（个）；

(9) 单斗提升机：2（台）；

(10) 重型链条除渣机 15t/h：1（台）。

试计算其清单工程量。

【解】　循环水泵工程量计算规则：按设计图示数量计算。

循环水泵离心式清单工程量＝4（台）。

成套整装锅炉工程量计算规则：按设计图示数量计算。

块装蒸汽锅炉清单工程量＝3（台）。

水处理设备工程量计算规则：按系统设计清单和设备制造厂供货范围计量。

全自动钠离子软水处理装置清单工程量＝3（台）。

除尘器、换热器、输煤设备、除渣机工程量计算规则：按设计图示数量计算。

水膜除尘器清单工程量＝3（台）。

板式换热器清单工程量＝2（台）。

单斗提升机清单工程量＝2（台）。

重型链条除渣机清单工程量＝1（台）。

3.2　凝结水处理系统设备安装

3.2.1　凝结水、凝结水处理的概念

(1) 凝结水　　（图 2-凝结水处理系统设备）

凝结水是指在天气晴朗、无风或微风的夜晚或清晨，由于地面或地物表面辐射冷却，使

贴近地面或物体表面的空气温度下降到露点以下，在地面或物体表面上凝结而成的水。大量的工业用水被以煤炭为主的能源加热产生蒸汽，蒸汽的热力又被用来实现工业生产工艺过程，而蒸汽释放出部分热能后就会生成凝结水。 （音频 1-凝结水的定义）

（2）凝结水处理

蒸汽在汽轮机做功后的凝液，其水质比较好，一般的处理也就是除铁、除盐，之后即可给锅炉回用。

3.2.2 构造图及施工图识图

凝结水系统构造示意图如图 3-5 所示，凝结水系统现场实物图如图 3-6 所示。

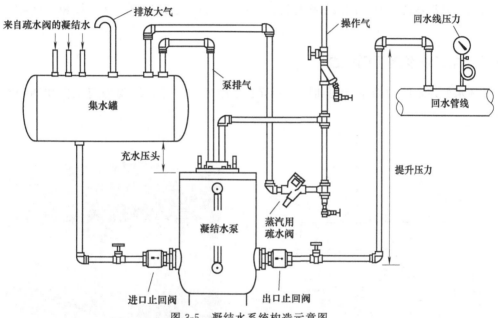

图 3-5 凝结水系统构造示意图

图 3-6 凝结水系统现场实物图

3.2.3 凝结水系统工程量计算规则

清单工程量计算规则：按设计图示数量计算。

3.3 循环水处理系统设备安装

3.3.1 循环水概念 （图 3-循环水处理系统设备）

循环水主要有工业和家用两种，主要目的都是为了节约用水。工业循环水主要用在冷却水系统中，所以也叫循环冷却水；家用循环水主要用在热水器上。

3.3.2 循环水处理系统 （音频 2-循环水处理系统）

循环水系统的功能是将冷却水（海水）送至高低压凝汽器去冷却汽轮机低压缸排汽，以维持高低压凝汽器的真空，使汽水循环得以继续。另外，它还向开式水系统和冲灰系统提供用水。

3.3.3 构造图及施工图识图

循环水处理系统构造示意图如图 3-7 所示，循环水处理系统现场施工实物图如图 3-8所示。

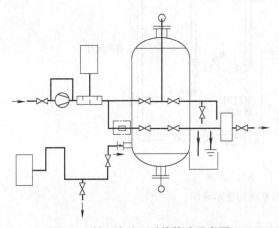

图 3-7 循环水处理系统构造示意图

图 3-8 循环水处理系统现场施工实物图

3.3.4 循环水处理系统工程量计算规则

清单工程量计算规则：按设计图示数量计算。

第④章 ▶▶▶

静置设备与工艺金属结构制作安装工程

4.1 静置设备制作

4.1.1 静置设备的概念

安装后处于静止状态，即在生产操作过程中无需动力传动的设备称为静置设备。这些设备大都不作为定型设备批量生产，而是按照设计图纸，由制造厂生产或由施工单位在现场制造，故又称之为非标准设备或非定型设备。（音频 1-静置设备的概念）

4.1.2 静置设备的分类

本节所述静置设备包括容器、板式塔（图 4-1）、换热器（图 4-2）、油罐、球罐、气柜、火炬（图 4-3）、排气筒（图 4-4）等。

静置设备（容器）分类方法较多，按设备的设计压力（p）可分为：

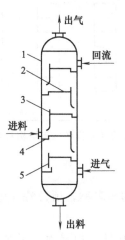

图 4-1 板式塔示意图

1—塔壳体；2—塔板；3—溢流堰；
4—受液盘；5—降液管

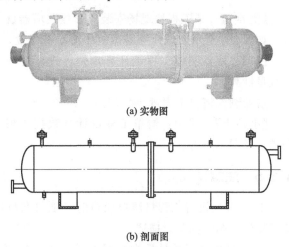

(a) 实物图

(b) 剖面图

图 4-2 换热器示意图

① 超高压容器（代号 u） 设计压力大于等于 100MPa 的压力容器；

② 高压容器（代号 h） 设计压力大于等于 10MPa 且小于 100MPa 的压力容器；

③ 中压容器（代号 m） 设计压力大于等于 1.6MPa 且小于 10MPa 的压力容器；

④ 低压容器（代号 l） 设计压力大于等于 0.1MPa 且小于 1.6MPa 的压力容器。

注：$p < 0$ 时，为真空设备。

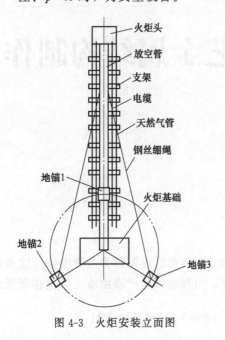

图 4-3　火炬安装立面图

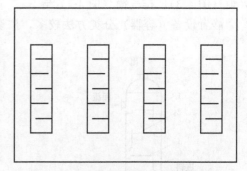

图 4-4　排气筒实物图

4.1.3　清单计算规则

清单计算规则：按设计图示数量计算，计算单位：台。

4.1.4　案例解读

【例 4-1】 某工程拟现场安装 4 套板式塔器设备，如图 4-5 所示。试计算塔器制作清单工程量。

【解】 塔器制作工程量计算规则：按设计图示数量计算。

塔器制作清单工程量＝4（台）。

【小贴士】 式中：清单工程量计算数据皆根据题示及图示所得。

图 4-5　板式塔器设备剖面结构示意图

4.1.5　注意事项

① 本节在设置工程量清单项目时，项目名称应用该实体的本名称，项目特征应结合拟建工程的实际情况予以描述。

② 容器的金属质量是指容器本体、容器内部固定件、开孔件、加强板、裙座（支座）的金属质量。其质量按制造图示尺寸计算，不扣除容器孔洞面积。外构件和外协件的质量应从制造图的质量内扣除，按成品单价计入容器制作中。

③ 塔器的金属质量是指塔器本体、塔器内部固定件、开孔件、加强板、裙座（支座）的金属质量。其质量按制造图尺寸计算，不扣除容器孔洞面积。外构件和外协件的质量应从制造图的质量内扣除按成品单价计入容器制作中。

④ 换热器的金属质量是指换热器本体的金属质量。

⑤ 附件是指设备的鞍座、支座、设备法兰、地脚螺栓制作等。项目特征描述时，应结合拟建工程实际予以描述。

⑥ 设备材质采用的复合板如需进行现场复合加工，应在项目特征中予以描述。

4.2　静置设备安装

4.2.1　分馏塔的概念

分馏塔是进行蒸馏的一种塔式汽液装置，又称为蒸馏塔。如图 4-6 所示是某工厂一个桥空气分馏塔工作原理示意图。

4.2.2　清单计算规则

清单计算规则：按设计图示数量计算，计量单位：台；电除雾器安装计算单位：套。

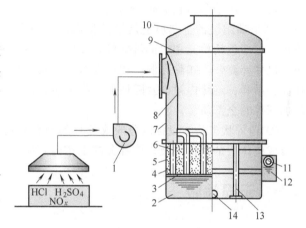

图 4-6　桥空气分馏塔工作原理示意图
1—离心通风机；2—储液箱；3—滤料搁架；4—滤料；
5—滤料压框；6—鼓动泡帽；7—中段外筒；8—液位
箱；9—脱液阀；10—帽盖；11—浮球液位控制
阀；12—液位箱；13—钢支座；14—排污阀

4.2.3　案例解读

【例 4-2】　某工程拟安装 4 台碳钢塔，直径 1.2m，长度 32.5m，单机重 120t，安装基础标高 6.8m，每台间距为 5.4m，其示意图如图 4-7 所示。试计算其工程量。

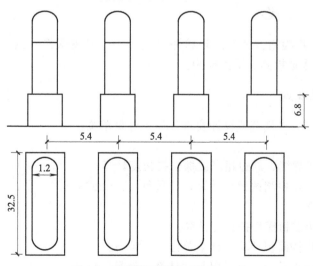

图 4-7　碳钢塔示意图（单位：m）

【解】 清单工程量计算规则：按设计图示数量计算。

整体容器安装清单工程量＝4（台）。

【小贴士】 式中：清单工程量计算数据皆根据题示及图示所得。

4.2.4 注意事项

① 在设置工程量清单项目时，项目名称应用该实体的本名称，项目特征应结合拟建工程的实际情况详细描述。

② 容器组装的金属质量是指容器本体、容器内部固定件、开孔件、加强板、裙座（支座）的金属质量。其质量按设计图示尺寸计算，不扣除容器孔洞面积。容器整体安装质量是指容器本体、配件、内部构件、吊耳、绝缘、内衬以及随容器一次吊装的管线、梯子、平台、栏杆、扶手和吊装加固件的全部质量。

③ 塔器组装的金属质量是指设备本体、裙座、内部固定件、开孔件、加强板等的全部质量，但不包括填充和内部可拆件以及外部平台、梯子、栏杆、扶手的质量，其质量按设计图示尺寸计算，不扣除孔洞面积；塔器整体安装质量是指塔器本体、裙座、内部固定件、开孔件、吊耳、绝缘内衬以及随塔器一次吊装就位的附塔管线、平台、梯子、栏杆、扶手和吊装加固件的全部质量。

④ 到货状态是指设备以分段或分片的结构状态运到施工现场。容器或塔器组装不包括组装成整体后的就位吊装，该部分的工作内容应另编码列项。

4.3 无损检验

4.3.1 无损检验的概念 （音频 2-无损检验的概念）

"无损检验"这一概念，是指在不损坏工件或原材料工作状态的前提下，测定其有关技术参数的所有方法。诸如测温、测压、测黏度、测流速等，但近年来由于检验技术的迅速发展，无损检验作为检验技术的分支，其内容为涉及保证产品质量而进行的各项测定，诸如金属构件的内应力测定、强度试验、内部缺陷情况测定等。

4.3.2 无损检验的分类

一些常用到的无损检测方式有超声检测（图 4-8）、磁粉探伤检测（图 4-9）、X 射线探伤检测（图 4-10）、渗透检测、涡流检测。

4.3.3 清单计算规则

① 射线探伤检测：按规范或设计要求计算，计量单位：张。

② 超声检测

a. 金属板材对接焊缝、周边超声波探伤按长度计算；

b. 板面超声波探伤检测按面积计算，计量单位：m 或 m²。

③ 磁粉探伤检测

a. 金属板材周边磁粉探伤按长度计算；

b. 板面磁粉探伤按面积计算，计量单位：m 或 m²。

④ 渗透检测：按设计图示数量以长度计算，计量单位：m。

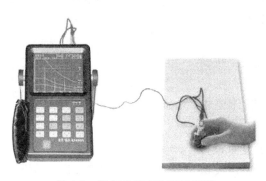

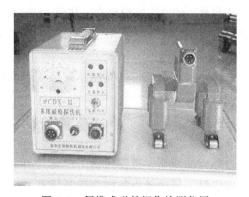

图 4-8　钢板的超声检测示意图　　　　图 4-9　便携式磁粉探伤检测仪图

⑤ 涡流检测：按设计图示数量计算，计量单位：台。

4.3.4　案例解读

【例 4-3】　某工程拟现场安装两套塔器设备如图 4-11 所示，采用圆筒焊接工艺，其设备筒体由钢板卷制而成，直径 13m，长度 56m，椭圆形封头，钢板厚度为 12mm。欲对椭圆形封头的两条焊缝进行探伤，对筒体 15％进行 X 射线探伤 30 张，对筒体 100％进行超声波探伤，对筒体 100％进行磁粉探伤，最后要对这个设备进行焊接工艺评定。试计算其工程量。

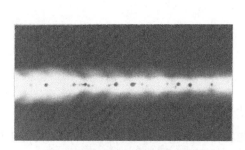

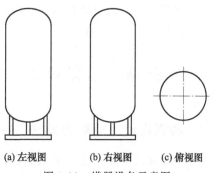

(a) 左视图　　(b) 右视图　　(c) 俯视图

图 4-10　X 射线探伤检测示意图　　　　图 4-11　塔器设备示意图

【解】　塔器制作工程量计算规则：按设计图示数量计算。

X 射线探伤工程量计算规则：按规范或设计要求计算。

超声波探伤、磁粉探伤工程量计算规则：①金属板材对接焊缝、周边超声波探伤按长度计算；②板面超声波探伤检测按面积计算。

塔器制作清单工程量=2（台）。

椭圆形封头的每个焊缝展开长度：$L=3.14×(13+0.012÷2)=40.84$（m）。

则椭圆形封头四个焊缝的展开总长度为：$40.84×4=163.36$（m）。

X 射线探伤清单工程量=30（张）。

超声波探伤清单工程量=$163.36×100％=163.36$（m）。

磁粉探伤清单工程量=$163.36×100％=163.36$（m）。

【小贴士】　式中：清单工程量计算数据皆根据题示及图示所得。

【例 4-4】　某工程现准备安装一座钢制塔架的火炬排气筒，重量 96t，高度 35.6m，标高 8.4m，火炬筒直径为 650mm，重为 9.6t，钢材卷制，火炬头外购，采用整体吊装方法，筒体焊缝 6％进行磁粉探伤，塔柱对接焊缝超声波 100％检查，焊缝 X 射线透视检查 25 张，钢材厚度为 15mm，其示意图如图 4-12 所示。试计算其工程量。

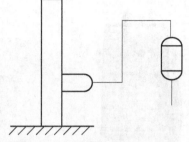

【解】 火炬及排气筒制作安装工程量计算规则：按设计图示数量计算。

X 射线探伤工程量计算规则：按规范或设计要求计算。

超声波探伤、磁粉探伤工程量计算规则：①金属板材对接焊缝、周边超声波探伤按长度计算；②板面超声波探伤检测按面积计算。

图 4-12　火炬排气筒系统示意图

火炬及排气筒制作安装清单工程量＝1（座）。

X 射线探伤清单工程量＝25（张）。

超声波探伤的工程量单位为 10m，则超声波探伤清单工程量为：10/100％＝10（m）。

由总延长米为 300m，则探伤部分为 300×6％＝18（m），则磁粉探伤清单工程量＝18（m）。

4.3.5　注意事项

拍片张数按设计规定计算的探伤焊缝总长度除以胶片的有效长度计算。设计无规定的，胶片有效长度按 250mm 计算。

4.4　静置设备工业炉安装

4.4.1　静置设备工业炉的概念　　（图 1-工业炉）

工业炉是在工业生产中，利用燃料燃烧或电能转化的热量，将物料或工件加热的热工设备。广义地说，锅炉也是一种工业炉，但习惯上人们不把它包括在工业炉范围内。

4.4.2　清单计算规则

按设计图示数量计算，计量单位：台。

4.4.3　施工图识图

工业炉施工示意图如图 4-13 所示。

4.4.4　案例解读

【例 4-5】　某化工厂预安装 2 台化肥装置加热炉如图 4-14 所示，锅炉及其辅助设备安装在从±0.00 到 15.00m。试计算其工程量。

【解】　工程量计算规则：按设计图示数量计算。

安装两台化肥装置加热炉工程量＝2（台）。

【小贴士】　式中：清单工程量计算数据皆根据题示及图示所得。

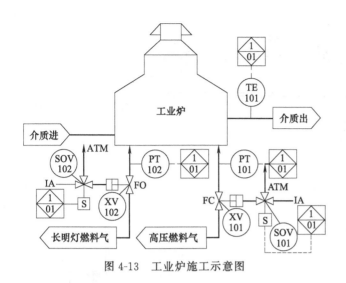

图 4-13　工业炉施工示意图

图 4-14　化肥装置加热炉

4.4.5　注意事项

　　废热锅炉的结构是指快装、半快装、散装，燃烧床形式是指单床、双床，工程量清单描述时应结合拟建工程实际予以描述。

4.5　金属油罐制作安装

4.5.1　金属油罐的概念　（图 2-金属油罐）

　　金属油罐指的是容量为 100m³ 以上，由罐壁、罐顶、罐底及油罐附件组成的储存原油或其他石油产品的容器。油罐是炼油和石油化工工业液态碳氢化合物的主要存储设备，主要用于存储油品类液态物质。

4.5.2　金属油罐的组成和分类

　　金属油罐罐体由罐底、罐壁、罐顶、包边角钢、抗风圈、加强圈及各种罐附件等组成。一些常用到的金属油罐有有拱顶罐（图 4-15）、内浮顶罐（图 4-16）、低温双壁金属罐、大型金属油罐、加热器。

4.5.3　清单计算规则

　　拱顶罐制作安装、浮顶罐制作安装、低温双壁金属罐制作安装：按设计图示数量计算，计量单位：台。

　　大型金属油罐制作安装：按设计图示数量计算，计量单位：座。

　　加热器制作安装：盘管式加热器按设计图示尺寸以长度计算；排管式加热器按配管长度范围计算，计量单位：m。

4.5.4　案例解读

　　【例 4-6】　某工程拟安装 3 台卧式轻污油罐，直径为 8.4m，长度为 19.5m，容积为

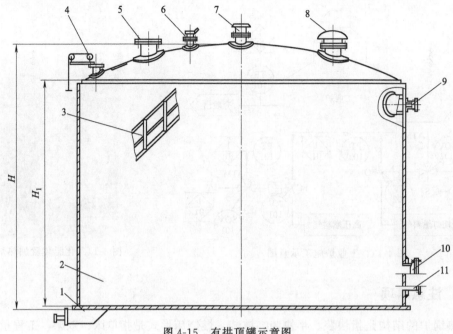

图 4-15　有拱顶罐示意图

1—排污孔；2—罐体；3—盘梯平台；4—就地液位计；5—透光孔；6—量油孔；7—阻火呼吸阀；
8—紧急释放阀；9—泡沫发生器口；10—罐壁人孔；11—进出管口；H—罐顶高度；H_1—罐体高度

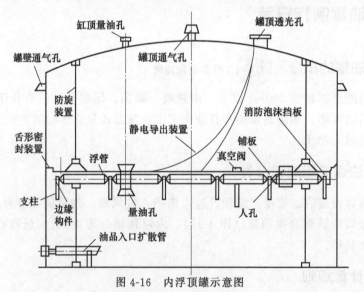

图 4-16　内浮顶罐示意图

234.46m³，单机重 58.63t，安装基础标高为 5.6m，每台间距为 7.2m。设计压力 1.0MPa 以内，其示意图如图 4-17 所示。试计算其工程量。

【解】　大型金属油罐制作安装工程量计算规则：按设计图示数量计算。

大型金属油罐制作安装清单工程量＝3（台）。

【小贴士】　式中：清单工程量计算数据皆根据题示及图示所得。

4.5.5　注意事项

① 盘管式加热器安装不扣除管件所占长度。

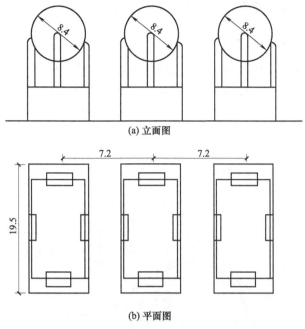

(a) 立面图

(b) 平面图

图 4-17 卧式轻污油罐示意图（单位：m）

② 拱顶罐构造形式指壁板连接搭接式、对接式；本体质量包括罐底板、罐壁板、罐顶板（含中心板）、角钢圈、加强圈以及搭接、垫板、加强板的金属质量，不包括配件、附件的质量。罐底板、罐壁板、罐顶板质量按设计图所示尺寸以展开面积计算，不扣除罐体上孔洞所占面积。

③ 浮顶罐构造形式指双盘式、单盘式、内浮顶式；本体金属质量包括罐底板、罐壁板、罐顶板、角钢圈、加强圈以及搭接、垫板、加强板的全部质量，但不包括配件、附件质量。罐底板、罐壁板、罐顶板质量按设计图所示尺寸以展开面积计算，不扣除罐体上孔洞所占面积。

④ 低温双壁罐本体金属质量包括内外罐底板、罐壁板、罐顶板、角钢圈、加强圈以及搭接、垫板、加强板的全部质量，但不包括配件、附件质量。内外罐底板、罐壁板、罐顶板质量按设计图所示尺寸以展开面积计算，不扣除罐体上孔洞所占面积。

⑤ 大型金属油罐本体质量按油罐构造特点分部位及部件，以几何尺寸展开面积计算，不扣除孔洞所占面积，并增加各部位搭接和对接垫板的金属质量。不同的板幅应按规定调整其金属质量。

⑥ 大型金属油罐附件包括积水坑、排水管、接管与配件、加热盘管、浮顶加热器、人孔制作安装等，工程量清单描述时，应结合拟建工程实际予以描述。

4.6 球形罐组对安装

4.6.1 球形罐的概念　（图 3-球形罐组）　（视频 1-球形罐）

钢制焊接球形储罐（以下简称球形罐或球罐）为球形的承压金属容器，是机电安装工程中的重要对象。球形罐盛装的是压力较高的气体或液化气体，多数是易燃、易爆介质，危险性大，此外，它的安装施工难度也大、质量要求也高。

4.6.2 球形罐的组成和分类

球形罐由球罐本体、支座（或支柱）及附件组成。球罐本体为球壳板拼焊而成的圆球形容器，为球形罐的承压部分。球形罐的支座常为多根钢管制成的柱式支座，以赤道正切柱式最普遍。球罐的附件有外部扶梯、阀门、仪表，部分大型球罐罐内还有内部转梯。

4.6.3 施工图识图

球形罐构造示意图如图 4-18 所示。

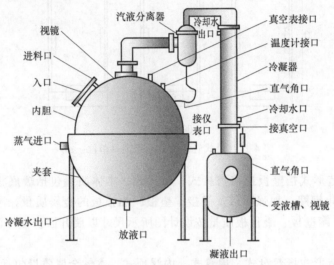

图 4-18 球形罐构造示意图

4.6.4 清单计算规则

球形罐组对安装，按设计图示数量计算，计量单位：台。

4.6.5 案例解读

【例 4-7】 某化工厂需安装一球形罐，其大致外形结构如图 4-19 所示，其厚度为 $\delta=36mm$，容积为 $2000m^3$，总质量为 225t，焊缝长 602m，试计算球形罐组对安装工程量。

【解】 清单工程量计算规则：按设计图示数量计算。

球形罐组对安装工程量＝1（台）。

【小贴士】 式中：清单工程量计算数据皆根据题示及图示所得。

4.6.6 注意事项

① 球形罐组装的质量包括球壳板、支柱、拉

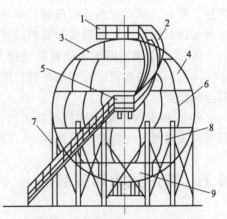

图 4-19 球形罐外形结构示意图

1—顶部平台；2—螺旋盘；3—北极板；

4—上温带板；5—中间平台；6—赤道带板；

7—支柱；8—下退带板；9—南极板

杆、短管、加强板的全部质量，不扣除人孔、接管孔洞面积所占质量。

②　如需进行焊接工艺评定，在专业措施项目中列项。

③　胎具制作、安装与拆除，在专业措施项目中列项。

4.7　气柜制作安装

4.7.1　气柜的概念

气柜是煤气和混合气的储存设备。它可以用来调节煤气高低不均匀的供气负荷。气柜实际上就是储气柜。

4.7.2　气柜的分类

按照储气压力大小气柜可以分为低压气柜和高压气柜两大类。低气压储气柜按照密封方式又可以分成湿式与干式两种结构，湿式有直立式和螺旋式。湿式气柜如图 4-20 所示。

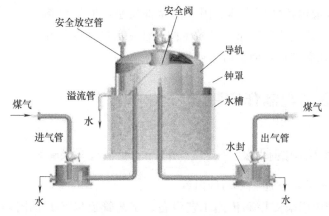

图 4-20　湿式气柜示意图

4.7.3　施工图识图

干式煤气柜原理图如图 4-21 所示。

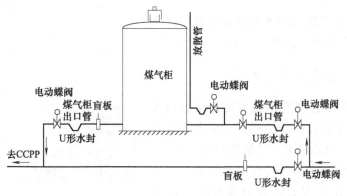

图 4-21　干式煤气柜原理图

4.7.4 清单计算规则

气柜制作安装：按设计图示数量计算，计量单位：座。

4.7.5 案例解读

【例 4-8】 某工厂要安装一批气柜，两个相同车间都要安装，其中一个车间气柜的布置方法如图 4-22 所示。试计算气柜制作的清单工程量。

【解】 气柜制作工程量计算规则：按设计图示数量计算。

气柜制作的清单工程量：4×2＝8（座）。

【小贴士】 式中：清单工程量计算数据皆根据题示及图示所得。

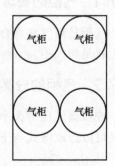

4.7.6 注意事项

① 构造形式指螺旋式、直升式。

② 气柜金属质量包括气柜本体、附件的全部质量，但不包括梯子、平台、栏杆、配重块的质量。其质量按设计图示尺寸以展开面积计算，不扣除孔洞和切角面积所占质量。

图 4-22 车间气柜的布置方法

4.8 工艺金属结构制作安装

4.8.1 工艺金属结构的概念 （音频 3-工艺金属结构的概念）

工艺金属结构一般指下述三方面的内容。

① 在工业生产中用来支撑和传递工艺设备、工艺管道以及其他附加应力所引起的静、动荷载，或为了操作方便所设置的辅助设施，如设备框架、支架、管廊、柱子、桁架结构、操作平台、梯子等。

② 服务于工业生产，在现场制作安装的大型的物料储存设备，如金属油罐、钢质球形储罐、气柜、料仓（斗）等。

③ 排放处理生产废气的大型金属构造物以及相应辅助设施，如火炬、排气筒、烟道、烟囱等。

4.8.2 工艺金属结构的分类

一些常用到的工艺金属结构有联合平台制作安装，平台制作安装，梯子、栏杆、扶手制作安装，桁架、管廊、设备框架、单梁结构制作安装，设备支架制作安装，漏斗、料仓制作安装，烟囱（图 4-23）、烟道制作安装，火炬及排气筒制作安装。

图 4-23 烟囱

4.8.3　清单计算规则

联合平台制作安装，平台制作安装，梯子、栏杆、扶手制作安装，桁架、管廊、设备框架、单梁结构制作安装，设备支架制作安装，漏斗、料仓制作安装均按设计图示尺寸以质量计算，计量单位：t。

按设计图示尺寸展开面积以质量计算：按设计图示尺寸以质量计算，计量单位：t。

火炬及排气筒制作安装：按设计图示数量计算，计量单位：座。

4.8.4　案例解读

【例 4-9】　某工程现准备安装 3 座烟囱，烟囱直径为 1200mm，高为 26m，每座烟囱之间的距离为 7m，单机质量为 2.8t，整体吊装，其示意图如图 4-24 所示，试求其工程量。

【解】　烟囱、烟道制作安装工程量计算规则：按设计图示尺寸展开面积以质量计算。

烟囱、烟道制作安装清单工程量 $M=3\times 2.8=8.4$ （t）。

【小贴士】　式中：清单工程量计算数据皆根据题示及图示所得。

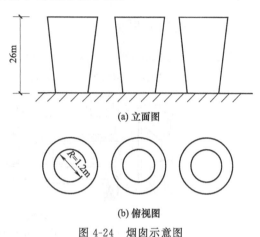

(a) 立面图

(b) 俯视图

图 4-24　烟囱示意图

4.8.5　注意事项

① 联合平台是指两台以上设备的平台互相连接组成的，便于检修、操作使用的平台。联合平台质量计算：包括平台上梯子、栏杆、扶手质量，不扣除孔眼和切角所占质量，多角形连接筋板质量以图示最长边和最宽边尺寸，按矩形面积计算。

② 平台、桁架、管廊、设备框架、单梁结构质量计算：不扣除孔眼和切角所占质量，多角形连接筋板质量以图示最长边和最宽边尺寸，按矩形面积计算。

③ 漏斗、料仓质量计算：不扣除孔眼和切角所占质量。

④ 烟囱、烟道质量计算：不扣除孔洞和切角所占质量，烟囱、烟道的金属质量包括筒体、弯头、异径过渡段、加强圈、人孔、清扫孔、检查孔等全部质量。

⑤ 火炬、排气筒筒体质量计算：按设计图示尺寸计算，不扣除孔洞所占面积及配件的质量。

4.9　铝制、铸铁、非金属设备安装

4.9.1　铝制、铸铁、非金属设备安装的概念

铝制、铸铁、非金属设备指铝制、铸铁、陶制、塑料、搪瓷及玻璃钢容器、塔类和热交换器等设备安装。

4.9.2　铝制、铸铁、非金属设备的分类

一般情况下常用到的铝制、铸铁、非金属设备有容器类、塔器类、热交换器类之分。

① 容器类　各种形状的铝制、铸铁、陶制、塑料、搪瓷、玻璃钢空体及带搅拌装置的容器。

② 塔器类　铝制、铸铁、陶制、塑料、玻璃钢冷却塔（图 4-25）、联碱多节铸铁塔及其他结构与塔体组合的整体吊装设备。

③ 热交换器类　包括铸铁排管式、石墨列管式（图 4-26）和石墨块孔式热交换器。

图 4-25　玻璃钢冷却塔实物图

4.9.3　清单计算规则

按设计图示数量计算，计量单位，台。

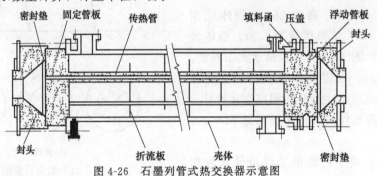

图 4-26　石墨列管式热交换器示意图

4.9.4　案例解读

【例 4-10】　某化工厂组队安装一座乙烯塔，塔直径 3000mm，总高 58m（包括基座），单重 192t（不包括塔盘及其他部件），塔体分三段到货，乙烯塔的示意图如图 4-27 所示，试计算工程量。

【解】　清单工程量计算规则：按设计图示数量计算。

（1）分段安装乙烯塔，工程量：1（台）。

（2）X 射线无损检测，计算单位：张。工程量：14（张）。

超声波探伤，计量单位：m。工程量：20（m）。

【小贴士】　式中：清单工程量计算数据皆根据题示及图示所得。

4.9.5　注意事项

① 容器的安装质量包括本体、附件、绝热、内衬及随设备吊装的管道、支架、临时加固措施、索具及平衡梁的质量，但不包括安装后所安装的内件和填充物的质量。

② 塔器的安装质量按设计图示计算，包括内件及附件的质量；多节铸铁塔的安装质量包括塔本体、底座、冷却箱体、冷却水管、钛板换热器笠帽、塔盖等图示标注（供货）的全部质量。

③ 热交换器的安装质量按设计图纸的质量计算，包括内件及附件的质量。

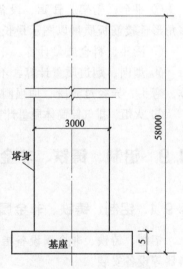

图 4-27　乙烯塔示意图

4.10　撬块安装

4.10.1　撬块安装的概念

通过先进的设计理念、计算软件等方法对各种工艺设备进行打包，使其拥有独立的功能，可以整体搬迁运移和吊装。它具有集成度高、占地面积小、控制系统先进、设备噪声小、运行可靠等特点。

4.10.2　撬块安装的分类

一些常用到的撬块安装有泵类撬块安装、设备类撬块安装（图 4-28、图 4-29）、仪表供风撬块安装、应急发电机组撬块安装。

图 4-28　电加热器撬块实物图

图 4-29　制冷机组撬块实物图

4.10.3　施工图识图

压缩机撬块如图 4-30 所示。

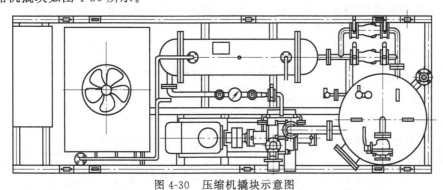

图 4-30　压缩机撬块示意图

4.10.4　清单计算规则

撬块安装清单计算规则：按设计图示数量计算，计量单位：套。

4.10.5　注意事项

撬块质量包括撬块本体钢结构及其连接器的质量，以及撬块上已安装的设备、工艺管道、阀门、管件、螺栓、垫片、电气（仪表）部件和梯子、平台等金属结构的全部质量。

第❺章 ▶▶▶

电气设备安装工程

电气设备是在电力系统中对发电机、变压器、电力线路、断路器等设备的统称。电气设备由电源和用电设备两部分组成。电源包括蓄电池、发电机及其调节器。

5.1 变压器安装

（1）变配电的概念 （图 1-配电室）

变配电，就是把进来的电压改变后，再分配给各个用户；就是将一种电变成另一种频率、相位相同的供电方式。

（2）变配电工程内容 🎙（音频 1-变配电工程内容）

① 普通住宅建筑的变配电工程包含变压器、配电盘。

② 户内配电箱所出的各回路（例如照明、插座等）笼统地说算是配电工程。

③ 动力配电箱至电梯配电箱、潜污泵配电箱也属于配电工程，配电箱施工图如图 5-1 所示。

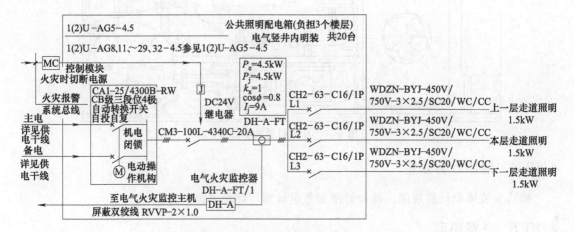

图 5-1　配电箱施工图

④ 楼层配电箱至住户户内配电箱属于配电工程。

⑤ 动力配电箱至应急照明配电箱属于配电工程。

⑥ 可以简单地理解为凡是配电箱柜至配电箱柜之间的回路都可称为配电工程。

（3）变压器的概念

变压器是利用电磁感应的原理来改变交流电压的装置，主要构件是初级线圈、次级线圈和铁芯（磁芯）。主要功能有：电压变换、电流变换、阻抗变换、隔离、稳压（磁饱和变压器）等。

（4）施工图识图

变配电工程安装构造图如图 5-2 所示。

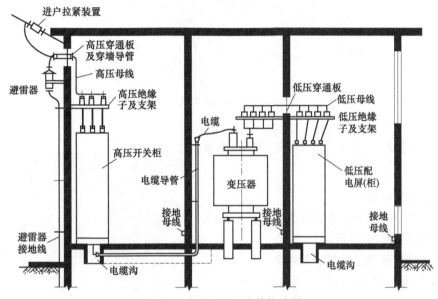

图 5-2　变配电工程安装构造图

5.1.1　干式变压器

5.1.1.1　干式变压器的概念 （视频 1-干式变压器）

变压器是利用电磁感应的原理来改变交流电压的装置，主要构件是初级线圈、次级线圈和铁芯（磁芯）。干式变压器就是指铁芯和绕组不浸渍在绝缘油中的变压器。

5.1.1.2　施工图识图

干式变压器构造示意图如图 5-3 所示，干式变压器实物图如图 5-4 所示。

5.1.1.3　干式变压器工程量计算规则

干式变压器的工程量按设计图示数量计算。

5.1.2　自耦变压器

5.1.2.1　自耦变压器的概念

自耦变压器是指绕组初级和次级在同一条绕组上的变压器，根据结构还可细分为可调压式和固定式。自耦的耦是电磁耦合的意思，普通的变压器是通过原副边线圈电磁耦合来传递能量，原副边没有直接电的联系，自耦变压器原副边有直接电的联系，它的低压线圈就是

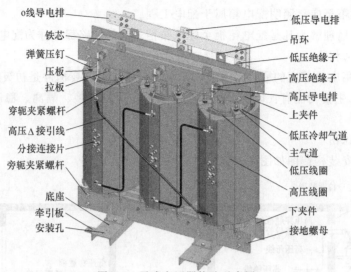

o线导电排 —— —— 低压导电排
铁芯 —— —— 吊环
弹簧压钉 —— —— 低压绝缘子
压板 ——
拉板 —— —— 高压绝缘子
—— 高压导电排
穿轭夹紧螺杆 —— —— 上夹件
高压Δ接引线 —— —— 低压冷却气道
分接连接片 —— —— 主气道
旁轭夹紧螺杆 —— —— 低压线圈
—— 高压线圈
底座 ——
牵引板 —— —— 下夹件
安装孔 —— —— 接地螺母

图 5-3 干式变压器构造示意图

高压线圈的一部分。 (音频 2-自耦变压器的

概念)

5.1.2.2 施工图识图

自耦变压器构造示意图如图 5-5 所示, 自耦
变压器实物图如图 5-6 所示。

5.1.2.3 自耦变压器工程量计算规则

自耦变压器工程量按设计图示数量计算。

5.1.3 整流变压器

5.1.3.1 整流变压器的概念 (视频 2-整流

变压器)

图 5-4 干式变压器实物图

整流变压器是整流设备的电源变压器。整流设备的特点是原边输入交流, 而副边输出通
过整流元件后输出直流, 作为整流装置电源用的变压器称为整流变压器。

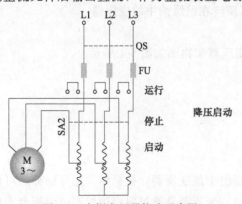

图 5-5 自耦变压器构造示意图

图 5-6 自耦变压器实物图

5.1.3.2 施工图识图

整流变压器构造示意图如图 5-7 所示，整流变压器现场施工图如图 5-8 所示。

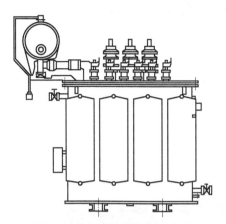

图 5-7 整流变压器构造示意图

图 5-8 整流变压器现场施工图

5.1.3.3 整流变压器工程量计算规则

整流变压器工程量按设计图示数量计算。

5.1.3.4 案例解读

【例 5-1】 某工厂新建职工宿舍楼，该宿舍楼的配电是由临近的变电所提供的，另外在工厂内部还有一套紧急停电情况下使用的发电系统。其配电示意图如图 5-9 所示，试求该配电工程所用仪器的工程量。

【解】 整流变压器、配电箱、发电机工程量计算规则：按设计图示数量计算。

（1）整流变压器清单工程量＝1（台）。

（2）配电箱清单工程量＝1（台）。

（3）发电机清单工程量＝1（台）。

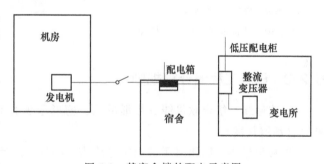

图 5-9 某宿舍楼的配电示意图

5.1.3.5 注意事项

油浸电力变压器、有载调压变压器、电炉变压器、消弧线圈的工程量按设计图示数量计算。

5.2 母线安装

5.2.1 母线的概念

在发电厂和变电所的各级电压配电装置中，将发电机、变压器与各种电器连接的导线称为母线。

5.2.2 施工图识图

插接母线始端箱系统图如图 5-10 所示。软母线实物图如图 5-11 所示。

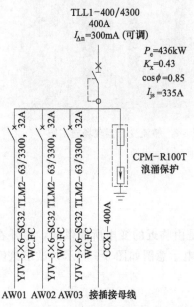

图 5-10 插接母线始端箱系统图

图 5-11 软母线实物图

5.2.3 母线工程量计算规则

① 软母线、组合软母线、带形母线、槽形母线的工程量按设计图示尺寸以单相长度计算（含预留长度）。

② 共箱母线、低压封闭式插接母线槽工程量按设计图示尺寸以中心线长度计算。

③ 始端箱、分线箱工程量按设计图示数量计算。

④ 重型母线工程量按设计图示尺寸以质量计算。

5.2.4 案例解读

【例 5-2】 已知某工程管线采用 BV-(3×10+1×4)、SG32，水平距离 8m，其示意图如图 5-12 所示，试求管线工程量。

【解】 配线工程量计算规则：按设计图示尺寸以单线长度计算（含预留长度）。

SG32 清单工程量为：[8×2+(2.4+3.2)×3]=32.8(m)。

BV10 清单工程量为：32.8×3=98.4(m)。

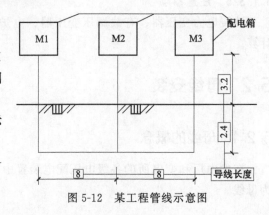

图 5-12 某工程管线示意图

BV4 清单工程量为：32.8×1＝32.8（m）。

【小贴士】　式中：8 为水平管线距离（m）；(2.4＋3.2)×3 为两段竖直的长度（m）；32.8 为 SG32 的工程量（m）；3 为 BV10 的根数；1 为 BV4 的根数。

【例 5-3】　某新建工程采用架空线路，如图 5-13 所示。混凝土电杆高 15m，间距 36m，属于丘陵地区架设施工，选用 BLX-(3×70＋1×35)，室外杆上变压器容量为 320kV·A，变压杆高 25m，试求电杆组立及导线架设的工程量。

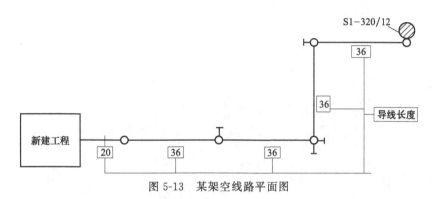

图 5-13　某架空线路平面图

【解】　电杆组立工程量计算规则：按设计图示数量计算。

导线架设工程量计算规则：按设计图示尺寸以单线长度计算（含预留长度）。

电杆组立清单工程量＝5（根）。

BLX70 导线清单工程量＝(36×4＋20)×3＝492（m）。

BLX35 导线清单工程量＝(36×4＋20)×1＝164（m）。

【小贴士】　式中：36×4＋20 为导线长度（m）；3 是 BLX70 根数；1 是 BLX35 根数。

5.3　照明器具安装

电气照明工程一般是指由电源的进户装置到各照明用电器具中间环节的配电装置、配电线路和开关控制设备的全部电气安装工程。

电气照明是一种人工照明，它具有灯光稳定，易于控制、调节及安全、经济等优点，是现代人工照明中应用最为广泛的一种照明方式。

5.3.1　普通灯具

5.3.1.1　灯具的概念

灯具，是指能透光、分配和改变光源光分布的器具，包括除光源外所有用于固定和保护光源所需的全部零部件，以及与电源连接所必需的线路附件。

普通灯具包括圆球吸顶灯、半圆球吸顶灯、方形吸顶灯、软线吊灯、座灯头、吊链灯、防水吊灯、壁灯等。

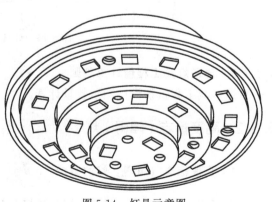

图 5-14　灯具示意图

5.3.1.2　施工图识图

灯具示意图如图 5-14 所示，灯具施工布线图如图 5-15 所示。

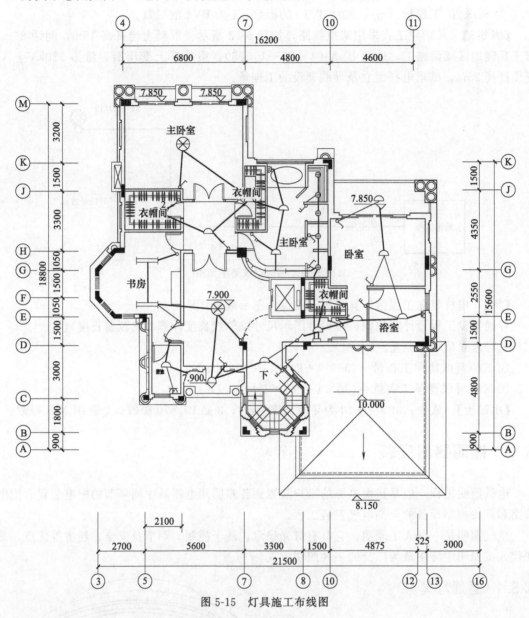

图 5-15　灯具施工布线图

5.3.1.3　普通灯具工程量计算规则

普通灯具工程量按设计图示数量计算。

5.3.2　高度标志（障碍）灯

5.3.2.1　高度标志（障碍）灯的概念　（图 2-电气照明设备）

高度标志（障碍）灯，是指设置在机场及其附近地区的各建筑物、结构物（桥梁、架空线、塔架等）及自然地形制高点处的标志及灯光。

5.3.2.2　施工图识图

高度标志（障碍）灯构造示意图如图 5-16 所示，高度标志（障碍）灯实物图如图 5-17 所示。

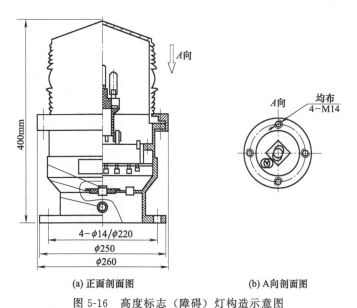

(a) 正面剖面图　　　　　　　(b) A 向剖面图

图 5-16　高度标志（障碍）灯构造示意图

5.3.2.3　高度标志（障碍）灯工程量计算规则

高度标志（障碍）灯工程量按设计图示数量计算。

5.3.2.4　案例解读

【例 5-4】　某机场旁边有一高级小区共 26 栋楼，小区居民楼平均高度为 45m，每栋居民楼上安装有两个高度标志（障碍）灯，试求其工程量。

【解】　高度标志（障碍）灯工程量按设计图示数量计算。

高度标志（障碍）灯工程量 = 题示数量 = 52（套）。

图 5-17　高度标志（障碍）灯实物图

5.3.3　高杆灯

5.3.3.1　高杆灯的概念 （视频 3-高杆灯）

高杆灯一般是指 15m 以上钢制锥形灯杆和大功率组合式灯架构成的新型照明装置。它由灯头、内部灯具电器、杆体及基础部分组成。

5.3.3.2　施工图识读

高杆灯构造示意图如图 5-18 所示，高杆灯实物图如图 5-19 所示。

5.3.3.3　高杆灯工程量计算规则

高杆灯工程量按设计图示数量计算。

5.3.3.4　注意事项

① 工厂灯、装饰灯、荧光灯、医疗专用灯、一般路灯、中杆灯、桥栏杆灯、地道涵洞

灯的工程量按设计图示数量计算。

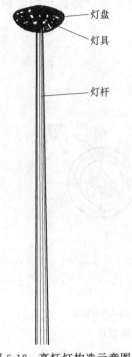

图 5-18　高杆灯构造示意图

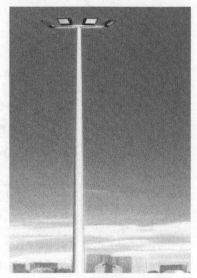

图 5-19　高杆灯实物图

②工厂灯包括工厂罩灯、防水灯、防尘灯、碘钨灯、投光灯、泛光灯、混光灯、密闭灯等。

③高度标志（障碍）灯包括烟囱标志灯、高塔标志灯、高层建筑屋顶障碍指示灯等。

④装饰灯包括吊式艺术装饰灯、吸顶式艺术装饰灯、荧光艺术装饰灯、几何型组合艺术装饰灯、标志灯、诱导装饰灯、水下（上）艺术装饰灯、点光源艺术灯、歌舞厅灯具、草坪灯具等。

⑤医疗专用灯包括病房指示灯、病房暗脚灯、紫外线杀菌灯、无影灯等。

⑥中杆灯是指安装在高度小于等于19m的灯杆上的照明器具。

⑦高杆灯是指安装在高度大于19m的灯杆上的照明器具。

5.4　防雷及接地工程

5.4.1　避雷器

5.4.1.1　避雷器的概念

避雷器是用于保护电气设备免受雷击时高瞬态过电压危害，并限制续流时间，也常限制续流幅值的一种电器。避雷器有时也称为过电压保护器。

5.4.1.2　施工图识图

避雷器构造示意图如图5-20所示，避雷器实物图如图5-21所示。

5.4.1.3　避雷器工程量计算规则

避雷器工程量按设计图示数量计算。

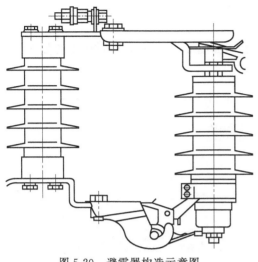

图 5-20　避雷器构造示意图

图 5-21　避雷器实物图

5.4.1.4　案例解读

【**例 5-5**】　某学校的某幢教职工楼在房顶上安装避雷网与房檐间距有 500mm，避雷网采用混凝土敷设，5 处引下线与一组接地极连接，其平面示意图如图 5-22 所示，试计算其工程量。

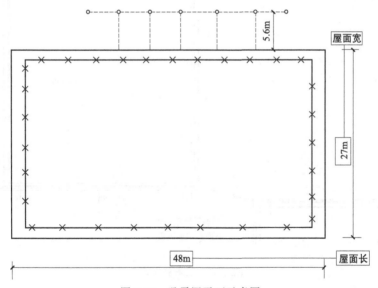

图 5-22　避雷网平面示意图

【**解**】　避雷器工程量计算规则：按设计图示数量计算；接地极工程量计算规则：按设计图示数量计算。

接地极清单工程量＝1（根）。

避雷器清单工程量＝1（组）。

5.4.2　避雷网

5.4.2.1　避雷网的概念

避雷网是指利用钢筋混凝土结构中的钢筋网作为雷电保护的方法（必要时还可以辅助避

雷网），也叫作暗装避雷网。

5.4.2.2 施工图识图

避雷网构造示意图如图 5-23 所示，避雷网实物图如图 5-24 所示，防雷施工图如图 5-25 所示，接地施工图如图 5-26 所示。

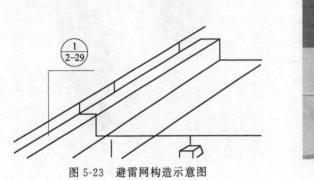

图 5-23 避雷网构造示意图

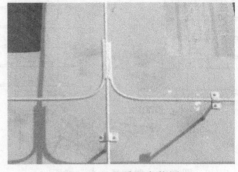

图 5-24 避雷网实物图

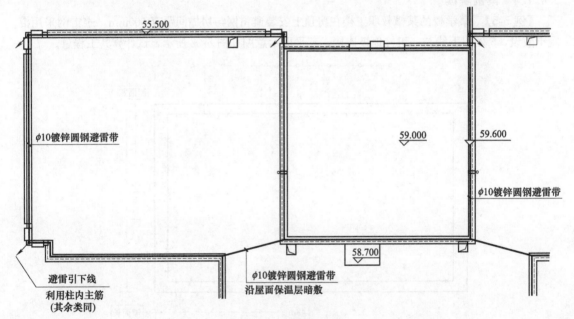

图 5-25 防雷施工图

5.4.2.3 避雷网工程量计算规则

避雷网工程量按设计图示尺寸以长度计算（含附加长度）。

5.4.2.4 案例解读

【例题 5-6】 某建筑防雷及接地装置：屋面防雷平面如图 5-27（a）所示，引下线安装如图 5-27（b）所示，避雷带安装如图 5-27（c）所示，接地极安装如图 5-27（d）所示。试根据图示内容计算避雷带线路、避雷引下线、接地极的工程量。

【解】 （1）避雷带线路、避雷引下线工程量计算规则：按设计图示尺寸以长度计算。

避雷带线路长度为：$(16 \times 2 + 14 \times 2) = 60$（m）。

避雷引下线长度为：$(10 + 1) \times 2 = 22$（m）。

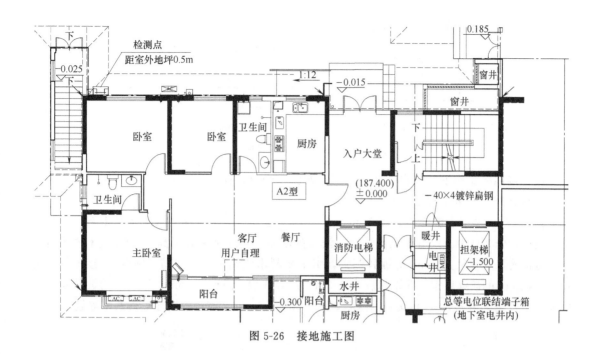

图 5-26　接地施工图

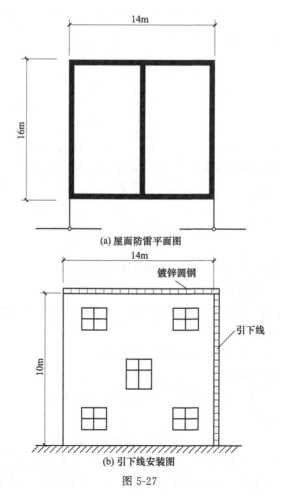

(a) 屋面防雷平面图

(b) 引下线安装图

图 5-27

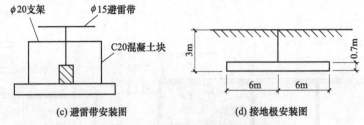

图 5-27 某建筑防雷及接地装置

（2）接地极制作安装工程量计算规则：按图示个数计算。

接地极制作安装工程量：2（个）。

【例 5-7】 某中学教学楼，高 17m，长 50m，宽 30m，现将屋顶四周装避雷网，沿折板支架敷设，分 8 处引下线与接地网连接，设 8 处断接卡。地梁中心标高−0.8m，土质为普通土。避雷网采用直径为 8mm 的镀锌圆钢，引下线利用建筑物柱内主筋（两根），接地母线为 40mm×8mm 的镀锌扁钢，埋设深度为 1.2m，共有 6 根 50mm×50mm×2.5m 的镀锌角钢接地极，距离建筑物 2.7m，其安装示意图如图 5-28 所示，试求该避雷接地工程的工程量。

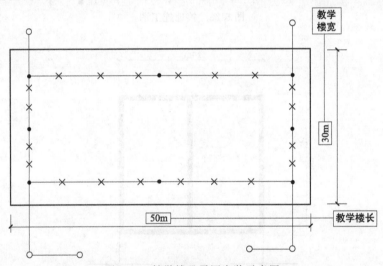

图 5-28 教学楼避雷网安装示意图

【解】 接地极工程量计算规则：按设计图示数量计算。

接地极清单工程量：6（根）。

接地母线、避雷引下线、避雷网工程量计算规则：按设计图示尺寸以长度计算（含附加长度）。

（1）接地母线清单工程量

$$L=(2.7\times6+0.5\times2+0.8\times2)=18.8\ (m)$$

（2）避雷引下线清单工程量

$$L=(17+0.08+0.4)\times8=139.84\ (m)$$

（3）避雷网清单工程量

$$L=(50+30)\times2=160\ (m)$$

【小贴士】 式中：0.8 为引下线与接地母线相接时接地母线应预留的长度（m）；根据接地干线的末端必须高出地面 0.5m 的规定，2.7 为接地母线中每段的长度（m）；6 为其根数；17 为教学楼垂直高度（m）；0.08、0.4 分别为镀锌圆钢与镀锌扁钢的直径（m）；8 为引下线根数；50 为教学楼长（m）；30 为教学楼宽（m）。

5.4.2.5　注意事项

① 均压环、避雷网工程量按设计图示尺寸以长度计算（含附加长度）。

② 避雷针、半导体少长针消雷装置、等电位端子箱、测试板、浪涌保护器、降阻剂工程量按设计图示数量计算。

③ 绝缘垫工程量按设计图示尺寸以展开面积计算。

5.5　配管配线工程

把绝缘导线穿入管内敷设，称为配管配线。配管配线必须符合一定的要求，在此基础上还要包括管子选择、管子加工、管子敷设和穿线等几道工序。 🖼️ **（图 3-室外配电线路示意图）**

5.5.1　配管

5.5.1.1　配管的概念

配管即线管敷设。配管包括电线管、钢管、防爆管、塑料管、软管、波纹管等。配管可分为明配管和暗配管：明配管是将线管显露地敷设在建筑物表面；暗配管是将线管敷设在现浇混凝土构件内。 🎤 **（音频 3-配管的概念）**

5.5.1.2　施工图识图

配管构造示意图如图 5-29 所示，配管实物图如图 5-30 所示。

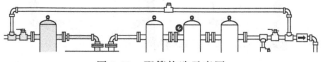

图 5-29　配管构造示意图　　　　　　　图 5-30　配管实物图

5.5.1.3　配管工程量计算规则

配管工程量按设计图示尺寸以长度计算。

5.5.2　配线

5.5.2.1　配线的概念

将电缆组合配置成为一个经济合理、符合使用要求的电缆系统或网络的设计技术称为电缆配线，简称配线。

5.5.2.2 施工图识图

配线构造示意图如图 5-31 所示，配线实物图如图 5-32 所示，照明配线施工图如图 5-33 所示。

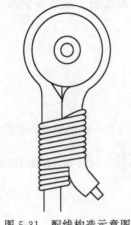

图 5-31 配线构造示意图

图 5-32 配线实物图

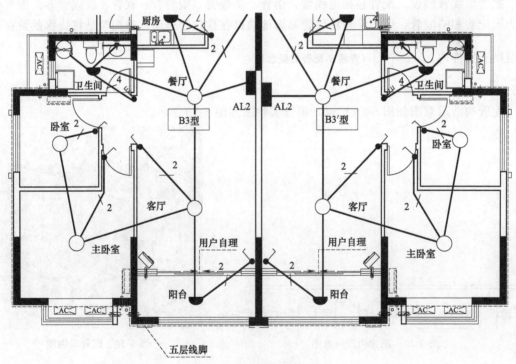

图 5-33 照明配线施工图

5.5.2.3 配线工程量计算规则

配线工程量按设计图示尺寸以单线长度计算（含预留长度）。

5.5.2.4 案例解读

【例 5-8】 某预制混凝土结构平房，顶板据地面高度为 3.9m，室内安装定型照明配电箱（XM-7-3/0）2 台，高 0.34m，宽 0.32m，单管日光灯（40W）8 盏，拉线开关 4 个，由配电箱引上为钢管明设（直径 25mm），其余均为瓷夹板配线，用 BLX 电线，引入线设计属于低压配电室范围，故此处不考虑。其平面示意图如图 5-34 所示，试计算该工程的各项工程量。

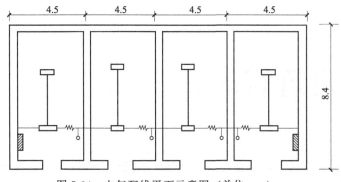

图 5-34　电气配线平面示意图（单位：m）

【解】　（1）配电箱、照明开关、荧光灯工程量计算规则：按设计图示数量计算。

由图可知：

配电箱清单工程量＝2（台）。

照明开关清单工程量＝4（个）。

单管日光灯清单工程量＝6（套）。

（2）配管工程量计算规则：按设计图示尺寸以长度计算。

① 钢管明设清单工程量 $L=2\times2=4$（m）。

配线工程量计算规则：按设计图示尺寸以单线长度计算（含预留长度）。

② 管内穿线清单工程量 $L=[2+(0.34+0.32)]\times4=10.64$（m）。

③ 二线式瓷夹板配线工程量 $L=2+5+2+5+2+5+2+5+0.2\times4=28.8$（m）。

④三线式瓷夹板配线工程量 $L=2+2=4$（m）。

5.5.2.5　注意事项

① 线槽、桥架的工程量按设计图示尺寸以长度计算。

② 接线箱、接线盒的工程量按设计图示数量计算。

③ 配管、线槽安装不扣除管路中间的接线箱（盒）、灯头盒、开关盒所占长度。

④ 配管名称指电线管、钢管、防爆管、塑料管、软管、波纹管等。

⑤ 配管配置形式指明配、暗配、吊顶内、钢结构支架、钢索配管、埋地敷设、水下敷设、砌筑沟内敷设等。

⑥ 配线名称指管内穿线、瓷夹板配线、塑料夹板配线、绝缘子配线、槽板配线、塑料护套配线、线槽配线、车间带形母线等。

⑦ 配线形式指照明线路，动力线路，木结构，顶棚内，砖、混凝土结构，沿支架、钢索、屋架、梁、柱、墙，以及跨屋架、梁、柱。

第 **6** 章 ▸▸▸

建筑智能化工程

建筑设备自动化系统实际上是一套中央监控系统。它通过对建筑物（或建筑群）内的各种电力设备，空调设备，冷热源设备，防火、防盗设备等进行集中监控，在确保建筑内环境舒适、充分考虑能源节约和环境保护的条件下，使建筑内的各种设备状态及利用率均达到最佳的目的。

6.1 计算机应用、网络系统工程

6.1.1 路由器、交换机的概念 （音频1-交换机） （视频1-路由器）

路由器（又称路径器）是一种计算机网络设备，它能将数据通过打包一个个网络传送至目的地（选择数据的传输路径），这个过程称为路由。

交换机是一种用于电信号转发的网络设备，它可以为接入交换机的任意两个网络节点提供独享的电信号通路。

6.1.2 施工图识图

路由器示意图如图 6-1 所示，交换机示意图如图 6-2 所示。

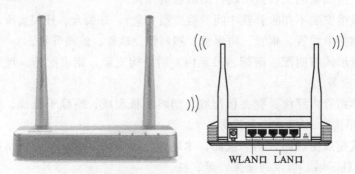

图 6-1　路由器示意图

6.1.3 路由器、交换机工程量计算规则

路由器、交换机工程量按设计图示数量计算。

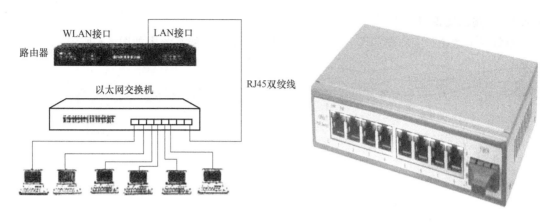

WLAN接口　LAN接口

路由器

以太网交换机

RJ45双绞线

图 6-2 交换机示意图

6.1.4 案例解读

【例 6-1】 某高校为实现校园 Wi-Fi 覆盖，在每栋宿舍楼宿舍内安装路由器，同时每层配备一台交换机，图 6-3 为路由器示意图，已知某宿舍楼共 5 层，每层有 40 个房间，试求该宿舍楼路由器与交换机安装工程量。

【解】 清单工程量计算规则：按设计图示数量计算。

路由器工程量：

$$W = 40 \times 5 = 200（台）$$

交换机工程量：$W = 5$（台）。

【小贴士】 式中：40 为每层房间数；5 为楼层数，即交换机安装工程量。

【注意事项】 计算时只考虑需要安装的设备实际工程量。

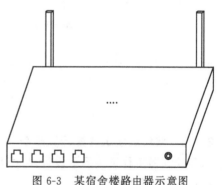

图 6-3 某宿舍楼路由器示意图

6.1.5 注意事项

输入设备、输出设备、控制设备、存储设备、插箱、机柜、互联电缆、接口卡、集线器、收发器、防火墙、网络服务器、计算机应用、网络系统接地、网络系统系统联调、网络系统试运行、软件的工程量按设计图示数量计算。

6.2 综合布线系统工程

6.2.1 双绞线缆

6.2.1.1 双绞线缆的概念　（图 1-双绞线缆）

双绞线缆是由两条相互绝缘的导线按照一定的规格互相缠绕（一般以顺时针缠绕）在一起而制成的一种通用配线，属于信息通信网络传输介质。

6.2.1.2 施工图识图

双绞线示意图、实物图如图 6-4、图 6-5 所示，配电干线系统图如图 6-6 所示。

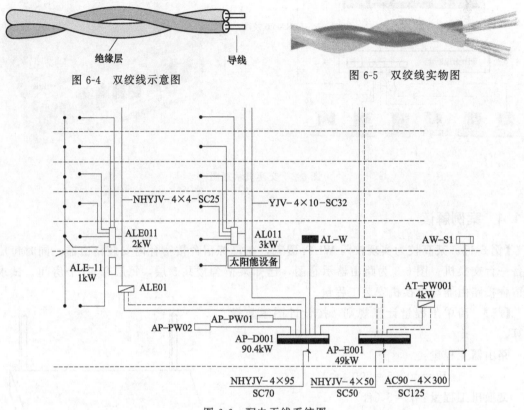

图 6-4 双绞线示意图

图 6-5 双绞线实物图

图 6-6 配电干线系统图

6.2.1.3 双绞线缆工程量计算规则

双绞线缆工程量按图示设计尺寸以长度计算。

6.2.1.4 案例解读

【例 6-2】 某电缆敷设工程，电缆采用沟铺砂盖砖直埋，8 根 VV-(3×50+1×25) 电缆并列敷设，其示意图如图 6-7 所示。控制室配电柜至室内部分电缆穿直径 52mm 钢管保护，共 10m 长。室外电缆敷设共 118m 长，中间穿过热力管沟，在配电间有 8m 穿直径 52mm 钢管保护长，控制室位于独立大楼。试求电缆敷设工程量。

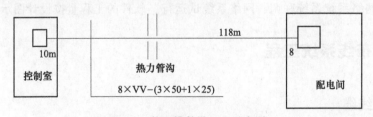

图 6-7 某电缆敷设工程示意图

【解】 (1) 专用线缆工程量计算规则：①以"m"计量，按设计图示尺寸长度计算（含预留长度及附加长度）；②按设计图示尺寸以"根"计算。

电缆敷设在各处的预留长度：电缆进入建筑物预留 2.0m；电缆进入沟内预留 1.5m；

电力电缆终端头进动力箱预留 1.5m；电缆中间接线盒两端各留 2.0m，电缆进控制箱、保护屏、模拟盘时留高＋宽；高压开关柜及低压配电盘、箱预留 2.0m；垂直至水平留 0.5m。

电缆清单工程量 $L_1＝[(8＋118＋10)＋2×2＋1.5×2＋1.5×2＋2×2＋2×0.5]×8＝1208$（m）。

（2）管缆工程量计算规则：按设计图示尺寸以长度计算。

电缆保护管清单工程量 $L_2＝L_1＝1208$（m）。

6.2.2　光缆

6.2.2.1　光缆的概念 （音频 2-光缆）

它是利用置于包覆护套中的一根或多根光纤作为传输媒质并可以单独或成组使用的通信线缆组件。

6.2.2.2　施工图识图

光缆构造示意图如图 6-8 所示，光缆实物图如图 6-9 所示。

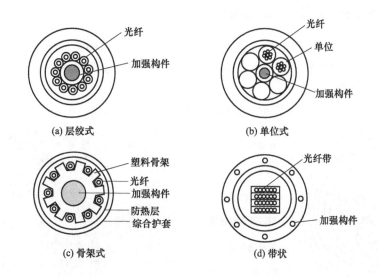

图 6-8　光缆构造示意图

6.2.2.3　光缆工程量计算规则

光缆工程量按图示设计尺寸以长度计算。

6.2.2.4　案例解读

【例 6-3】　光缆铺设一般都在地下，图 6-10 所示为光缆地下沟渠，已知该渠道全长 1500m，试求光缆以及外护套的安装工程量。

【解】　（1）光缆清单工程量计算规则：按设计图示尺寸以长度计算。

光缆工程量：$W＝1500×16＝24000$（m）。

【小贴士】　式中：1500 为铺设长度（m）；16 为光缆铺设条数。

（2）光缆护套清单工程量计算规则：按设计图示尺寸以长度计算。

光缆外护套工程量：$W＝1500×16＝24000$（m）。

【小贴士】　式中：1500 为铺设长度（m）；16 为光缆护套需要铺设的条数。

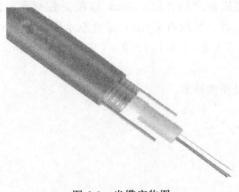

图 6-9 光缆实物图

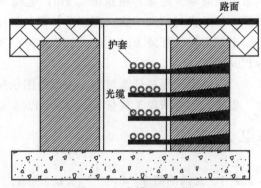

图 6-10 光缆地下沟渠

【注意事项】 图示一共 16 根光缆,应按总长度计算。

6.2.3 电缆

6.2.3.1 电缆的概念 (图 2-电缆)

电缆通常是由几根或几组导线(每组至少两根)绞合而成的类似绳索的电缆,每组导线之间相互绝缘,并常围绕着一根中心扭成,整个外面包有高度绝缘的覆盖层。

6.2.3.2 施工图识图

电缆构造示意图如图 6-11 所示,电缆实物图如图 6-12 所示。

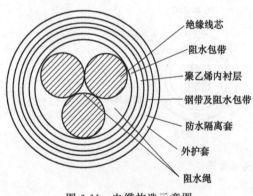

绝缘线芯
阻水包带
聚乙烯内衬层
钢带及阻水包带
防水隔离套
外护套
阻水绳

图 6-11 电缆构造示意图

图 6-12 电缆实物图

6.2.3.3 电缆工程量计算规则

电缆工程量按设计图示数量计算。

6.2.3.4 案例解读

【例 6-4】 如图 6-13 所示为某地下电缆工程示意,已知全长 1420m,根据图示,试求电缆安装工程量。

【解】 电缆清单工程量计算规则:按设计图示数量计算。

电缆工程量 $W=3$(条)。

电缆保护管
电缆

图 6-13 某地下电缆工程示意图

【小贴士】　式中：清单工程量计算数据皆根据题示及图示所得。

【注意事项】　安装工程量不计算电缆长度，只计算电缆安装条数。

6.2.4　大对数电缆

6.2.4.1　大对数电缆的概念

大对数即多对数的意思，系指很多一对一对的电缆组成一小捆，再由很多小捆组成一大捆（更大对数的电缆则再由一大捆一大捆组成一根更大的电缆）。

6.2.4.2　施工图识图

大对数电缆实物图如图 6-14 所示。

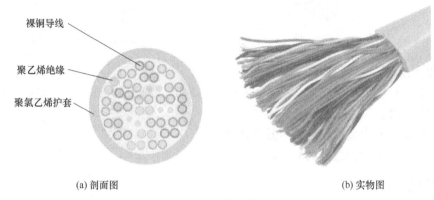

裸铜导线

聚乙烯绝缘

聚氯乙烯护套

(a) 剖面图　　　　　　　　　　　　　　　　(b) 实物图

图 6-14　大对数电缆实物图

6.2.4.3　大对数电缆工程量计算规则

大对数电缆工程量按图示设计尺寸以长度计算。

6.2.4.4　注意事项

① 机柜、机架、抗震底座、分线接线箱（盒）、电视、电话插座、跳线、配线架、跳线架、信息插座、光纤盒、光纤连接、光缆终端盒、布放尾纤、线管理器、跳块、双绞线缆测试、光纤测试的工程量按设计图示数量计算。

② 光纤束、光缆外护套的工程量按设计图示尺寸以长度计算。

6.3　建筑设备自动化系统工程

6.3.1　控制器

6.3.1.1　控制器的概念

控制器是指按照预定顺序改变主电路或控制电路的接线和改变电路中电阻值来控制电动机的启动、调速、制动和反向的主令装置。

6.3.1.2　施工图识图

控制器构造示意图如图 6-15 所示，控制器实物图如图 6-16 所示。

6.3.1.3　控制器工程量计算规则

控制器工程量按设计图示数量计算。

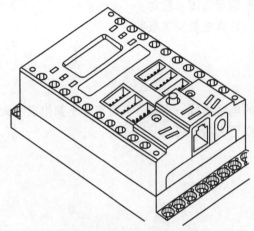

图 6-15 控制器构造示意图

图 6-16 控制器实物图

6.3.1.4 案例解读

【例 6-5】 某大型商场建筑，共有 5 层 125 家商店，每层每家商店都安装有报警控制器用以安全防范保障，试求其工程量。

【解】 控制器工程量按设计图示数量计算。

控制器工程量＝5×125＝625（台）。

6.3.2 传感器

6.3.2.1 传感器的概念 (音频 3-传感器)

传感器是一种检测装置，能感受到被测量的信息，并能将感受到的信息按一定规律变换成为电信号或其他所需形式的信息输出，以满足信息的传输、处理、存储、显示、记录和控制等要求。

6.3.2.2 施工图识图

传感器构造示意图如图 6-17 所示，传感器实物图如图 6-18 所示。

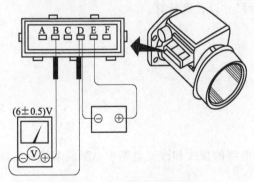

图 6-17 传感器构造示意图

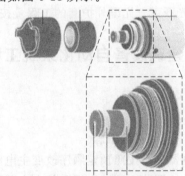

图 6-18 传感器实物图

6.3.2.3 传感器工程量计算规则

传感器工程量按设计图示数量计算。

6.3.2.4 案例解读

【例 6-6】 图 6-19 所示为某酒店出入口自动门，在自动门一侧门柱安装传感器，方便客人通行，试求传感器安装工程量。

【解】 清单工程量计算规则：按设计图示数量计算。

传感器工程量 $W=1$（台）。

【小贴士】 式中：清单工程量计算数据皆根据题示及图示所得。计算时只考虑需要安装的设备实际工程量。

6.3.2.5 注意事项

中央管理系统、通信网络控制设备、控制箱、第三方通信设备接口、电动调节阀执行机构、电动（电磁）阀门、建筑设备自控化系统调试、建筑设备自控化系统试运行的工程量按设计图示数量计算。

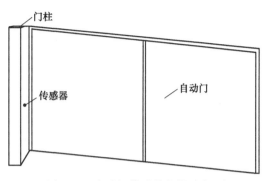

图 6-19 自动门传感器安装示意图

6.4 有线电视、卫星接收系统工程

6.4.1 电视墙的概念

电视墙是由多个电视（背投电视）单元拼接而成的一种超大屏幕电视墙体，是一种影像、图文显示系统。

6.4.2 施工图识图

电视墙示意及实物图如图 6-20、图 6-21 所示，有线电视系统图如图 6-22 所示。

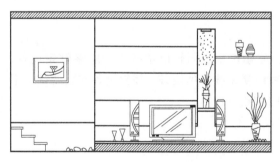

图 6-20 电视墙示意图

图 6-21 电视墙实物图

6.4.3 电视墙工程量计算规则

电视墙工程量按设计图示数量计算。

6.4.4 案例解读

【例 6-7】 某小区房屋一层 25 间房屋都是精装修，客厅都有精美电视墙，试求其工程量。

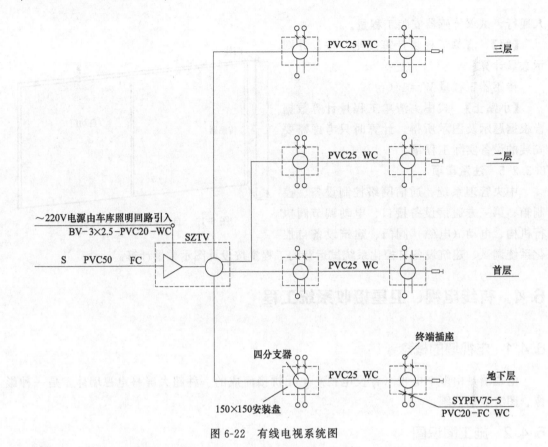

图 6-22　有线电视系统图

【解】　工程量计算规则：电视墙工程量按设计图示数量计算。

电视墙工程量＝25（套）。

6.4.5　注意事项

① 共用天线、卫星电视天线、馈线系统、前端机柜、同轴电缆接头、前端射频设备、卫星地面站接收设备、光端设备安装调试、有线电视系统管理设备、播控设备安装调试、干线设备、分配网络、终端调试的工程量按设计图示数量计算。

② 射频同轴电缆的工程量按设计图示尺寸以长度计算。

6.5　音频、视频系统工程

6.5.1　扩声系统的概念

扩声系统通常是把讲话者的声音对听者进行实时放大的系统，讲话者和听者通常在同一个声学环境中。

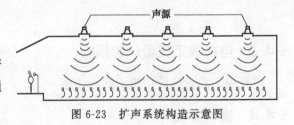

图 6-23　扩声系统构造示意图

6.5.2　施工图识图

扩声系统构造示意图如图 6-23 所示，扩声系统实物图如图 6-24 所示。

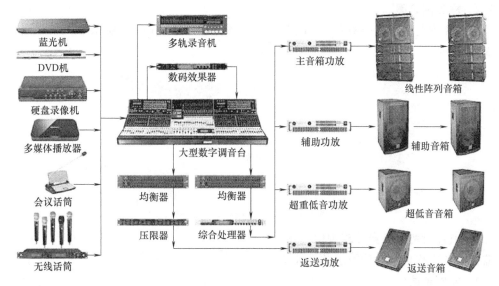

图 6-24 扩声系统实物图

6.5.3 扩声系统工程量计算规则

扩声系统工程量按设计图示数量计算。

6.5.4 案例解读

【例 6-8】 某演播厅四角放置音响设备，同时配备话筒 3 个，音响示意图如图 6-25 所示，试求扩声系统设备工程量。

【解】 清单工程量计算规则：按设计图示数量计算。

音响工程量＝4（台）；话筒工程量＝3（个）。

【小贴士】 式中：清单工程量计算数据皆根据题示及图示所得，计算时只考虑需要安装的设备实际工程量。

6.5.5 注意事项

扩声系统调试、扩声系统试运行、背景音乐系统设备、背景音乐系统调试、背景音乐系统试运行、视频系统设备、视频系统调试的工程量按设计图示数量计算。

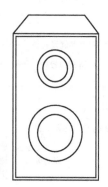

图 6-25 音响示意图

6.6 安全防范系统工程

6.6.1 监控摄像设备

6.6.1.1 监控系统的概念 （图 3-监控摄像设备）

监控系统是安防系统中应用最多的系统之一，视频监控现在是应用的主流方向。

6.6.1.2 施工图识图

监控系统构造示意图如图 6-26 所示,监控系统实物图如图 6-27 所示,视频监控系统图如图 6-28 所示。

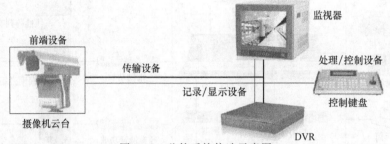

图 6-26 监控系统构造示意图

6.6.1.3 监控设备工程量计算规则

监控设备工程量按设计图示数量计算。

6.6.1.4 案例解读

【例 6-9】 某十字路口监控布置如图 6-29 所示,十字路口每个路口上方安装 2 个监控,试求该十字路口监控设备安装总工程量。

【解】 监控安装清单工程量计算规则:按设计图示数量计算。

监控设备安装工程量 $W = 2 \times 4 = 8$(台)。

【小贴士】 式中:每个路口上方安装 2 个监控,十字路口共有 4 处同样的安装设备。计算时只考虑需要安装的设备实际工程量。

图 6-27 监控系统实物图

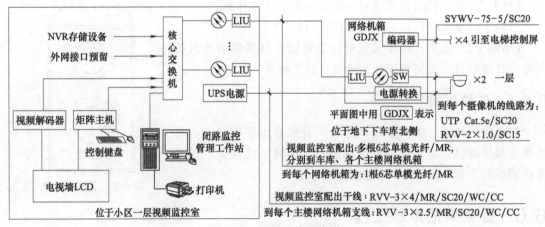

图 6-28 视频监控系统图

6.6.2 视频补偿器

6.6.2.1 视频补偿器的概念

视频补偿器是有线电视监控系统中的主要通用型设备,在使用同轴电缆远距离视频信号传输发生衰减时,通过本设备可将接收的视频信号进行修复还原,使已经衰减的图像信号经视频补偿器处理后达到几乎还原的效果。

6.6.2.2 施工图识图

视频补偿器工作示意图如图6-30所示，视频补偿器实物图如图6-31所示。

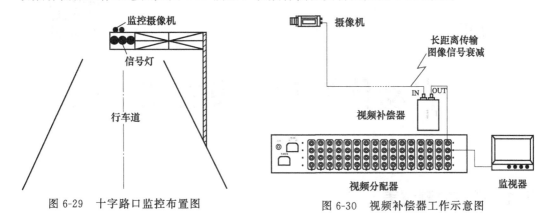

图6-29 十字路口监控布置图

图6-30 视频补偿器工作示意图

6.6.2.3 视频补偿器工程量计算规则

视频补偿器工程量按设计图示数量计算。

6.6.2.4 案例解读

【例6-10】 为提升监控反馈画面清晰度，安装一台视频补偿器，补偿器示意图如图6-32所示，试求其安装工程量。

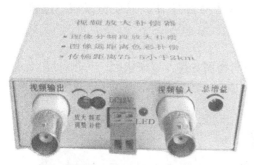

图6-31 视频补偿器实物图

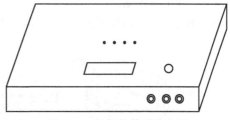

图6-32 视频补偿器示意图

【解】 清单工程量计算规则：按设计图示数量计算。

视频补偿器工程量 $W=1$（台）。

【小贴士】 式中：清单工程量计算数据皆根据题示及图示所得。计算时只考虑需要安装的设备实际工程量。

6.6.2.5 注意事项

① 入侵探测设备、入侵报警控制器、入侵报警中心显示设备、入侵报警信号传输设备、出入口目标识别设备、出入口控制设备、出入口执行机构设备、监控摄像设备、视频控制设备、音频/视频及脉冲分配器、视频传输设备、录像设备的工程量按设计图示数量计算。

② 显示设备、安全检查设备、停车场管理设备的工程量以台计量时，按设计图示数量计算；以"m²"计量时，按设计图示面积计算。

③ 安全防范分系统调试、安全防范全系统调试、安全防范系统工程试运行的工程量按设计内容计算。

第7章 ▶▶▶

自动化控制仪表安装工程

7.1 过程检测仪表

7.1.1 温度仪表

7.1.1.1 温度仪表的概念 （图1-温度仪表）

温度仪表采用模块化结构方案，也适用于需要进行多段曲线程序升/降温控制的系统。温度仪表是众多仪表中的一个分支，常见的温度仪表有温度计、温度记录仪、温度送变器等。

7.1.1.2 施工图识图

温度仪表构造示意图如图 7-1 所示，温度仪表实物图如图 7-2 所示。

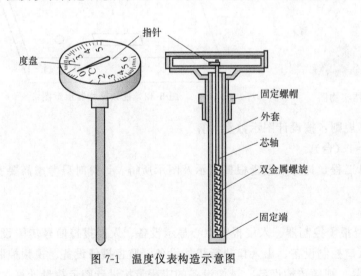

图 7-1 温度仪表构造示意图

图 7-2 温度仪表实物图

7.1.1.3 温度仪表工程量计算规则

温度仪表工程量按设计图示数量计算。

7.1.1.4 案例解读

【例 7-1】 某科学考察院，有10间实验室需要安装温度仪表，每间房间需要安装 2 支，试计算该科学考察院共需要多少支温度仪表。

【解】　工程量计算规则：温度仪表工程量按设计图示数量计算。

温度仪表工程量＝2×10＝20（支）。

7.1.2　变送单元仪表

7.1.2.1　变送器的概念

变送器就是接收检测原件的测量值，将测量信号转化成标准信号（一般是 4～20mA）输出的原件。

7.1.2.2　施工图识图

变送单元仪表构造示意图如图 7-3 所示，变送单元仪表实物图如图 7-4 所示，变送单元仪表接线图如图 7-5 所示。

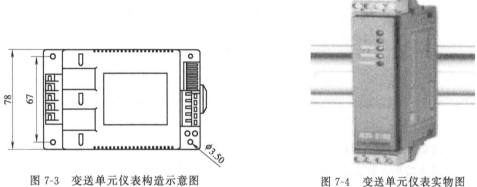

图 7-3　变送单元仪表构造示意图　　　　图 7-4　变送单元仪表实物图

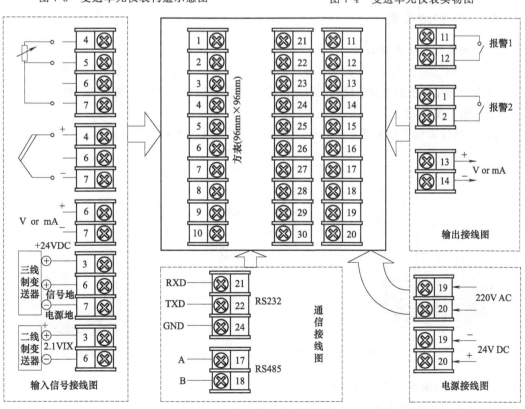

图 7-5　变送单元仪表接线图

7.1.2.3 变送单元仪表工程量计算规则

变送单元仪表工程量按设计图示数量计算。

7.1.2.4 案例解读

【例 7-2】 某热力车间热力站自控仪表采用变送单元仪表，每两个车间需一个变送单元仪表，该工程的热力车间共有 8 个，施工图如图 7-6 所示，试计算其工程量。

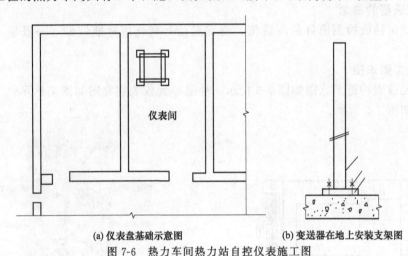

(a) 仪表盘基础示意图   (b) 变送器在地上安装支架图

图 7-6 热力车间热力站自控仪表施工图

【解】 变送单元仪表工程量计算规则：按设计图示数量计算。

变送单元仪表清单工程量：8÷2＝4（台）。

7.1.3 物位检测仪表

7.1.3.1 物位检测仪表的概念

物位检测仪表是对统称物位的液体或固体的表面位置，以及液-液、液-固等两相介质的分界面进行测量、记录或报警控制的仪表，有测量液位高度的液位计、测量固体物料高度的料位计。

7.1.3.2 施工图识图

物位检测仪表构造图如图 7-7 所示，物位检测仪表实物图如图 7-8 所示。

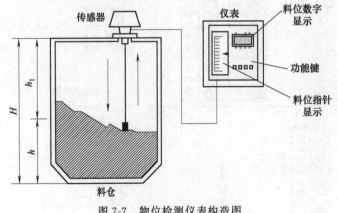

图 7-7 物位检测仪表构造图

图 7-8 物位检测仪表实物图

7.1.3.3 物位检测仪表工程量计算规则

物位检测仪表按设计图示数量计算。

7.1.3.4 案例解读

【**例 7-3**】 有一温度检测室安装温度检测仪,同时配置一个物位检测仪表。试求物位检测仪工程量。

【**解**】 工程量计算规则:物位检测仪表工程量按设计图示数量计算。

物位检测仪表工程量=1(台)。

7.1.3.5 注意事项

压力仪表、流量仪表的工程量按设计图示数量计算。

7.2 执行仪表

7.2.1 调节阀的概念 (图 2-调节阀) (音频 1-调节阀)

调节阀又名控制阀,是在工业自动化过程控制领域中,通过接受调节控制单元输出的控制信号,借助动力操作去改变介质流量、压力、温度、液位等工艺参数的最终控制元件。

7.2.2 施工图识图

调节阀构造示意图如图 7-9 所示,调节阀实物图如图 7-10 所示。

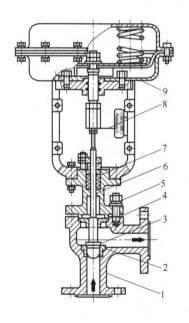

图 7-9 调节阀构造示意图
1—阀体;2—阀座;3—阀芯;4—导向套;
5—阀盖;6—阀杆;7—填料;
8—刻度指示;9—执行机构

图 7-10 调节阀实物图

7.2.3 调节阀工程量计算规则

调节阀工程量按设计图示数量计算。

7.2.4 注意事项

执行机构、自力式调节阀、执行仪表附件工程量按设计图示数量计算。

7.3 安全监测及报警装置

7.3.1 远动装置的概念 （音频 2-远动系统）

所谓远动装置就是为了完成调度与变电站之间各种信息的采集并实时进行自动传输和交换的自动装置，它是电力系统调度综合自动化的基础。变电站的远动装置在远动系统中称为发送（执行）端。

7.3.2 施工图识图

远动装置系统图如图 7-11 所示，远动装置实物图如图 7-12 所示。

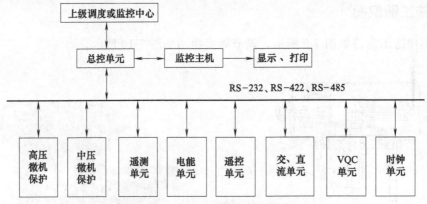

图 7-11 远动装置系统图

图 7-12 远动装置实物图

7.3.3 远动装置工程量计算规则

远动装置工程量按设计图示数量计算。

7.3.4 案例解读

【例 7-4】 某相邻的两个变电站各自装配有 1 套远动装置，结合已知信息求其清单工程量。

【解】　工程量计算规则：远动装置工程量计算按设计数量计算。

远动装置工程量＝2（套）。

7.3.5　注意事项

安全监测装置，顺序控制装置，信号报警装置，信号报警装置柜、箱，数据采集及巡回检测报警装置工程量按设计图示数量计算。

7.4　工业计算机安装与调试（线缆安装）

7.4.1　线缆的概念

线缆是光缆、电缆等物品的统称。

7.4.2　施工图识图

线缆构造示意图如图 7-13 所示，线缆实物图如图 7-14 所示。

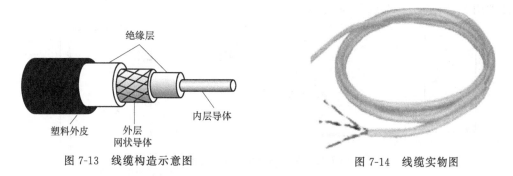

图 7-13　线缆构造示意图　　　　　　　图 7-14　线缆实物图

7.4.3　线缆工程量计算规则

① 以"m"计量，按设计图示尺寸以长度计算（含预留长度及附加长度）。

② 按设计图示尺寸以"根"计算。

7.4.4　案例解读

【例 7-5】　某电缆敷设工程，电缆采用沟铺砂盖砖直埋，7 根 VV-(3×50＋1×25)电缆并列敷设，其示意图如图 7-15 所示，控制室配电柜至室内部分电缆穿直径 52mm 钢管保护，

图 7-15　某电缆敷设工程示意图

共 10m 长。室外电缆敷设共 118m 长，中间穿过热力管沟，在配电间有 8m 穿直径 52mm 穿钢管保护长，控制室位于独立大楼。试求电缆及电缆保护管工程量。

【解】 线缆工程量计算规则：

(1) 以"m"计量，按设计图示尺寸长度计算（含预留长度及附加长度）；

(2) 按设计图示尺寸以"根"计算。

电缆敷设在各处的预留长度：电缆进入建筑物预留 2.0m；电缆进入沟内预留 1.5m；电力电缆终端头进动力箱预留 1.5m；电缆中间接线盒两端各留 2.0m，电缆进控制、保护屏、模拟盘时留高＋宽；高压开关柜及低压配电盘、箱预留 2.0m；垂直至水平留 0.5m。

电缆清单工程量 $L_1=[(8+118+10)+2\times2+1.5\times2+1.5\times2+2\times2+2\times0.5]\times7$
$=1057$ (m)。

电缆保护管工程量计算规则：按设计图示尺寸以长度计算。

电缆保护管清单工程量 $L_2=L_1=1057$ (m)。

【例 7-6】 某电缆敷设工程，每室均配置一个配电柜，且从控制室到车间均配置配电柜，电缆沟采用直埋铺砂盖砖，并列铺设 5 根 VV-(3×50＋1×25)，室外水平距离 87m，中途穿过热力管沟，进入 1 号车间后经 8m 到配电柜，控制室配电柜到外墙 6m，工程敷设示意图如图 7-16 所示，试求其工程量。

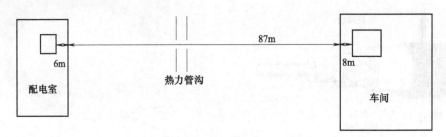

图 7-16 某电缆敷设工程示意图

【解】 线缆工程量计算规则：

(1) 以"m"计量，按设计图示尺寸长度计算（含预留长度及附加长度）；

(2) 按设计图示尺寸以"根"计算。

电缆清单工程量 $L_1=[(8+87+6)+2\times2+1.5\times2+1.5\times2+2\times2+2\times0.5]\times5=580$ (m)。

电缆敷设在各处的预留长度：电缆进入建筑物预留 2.0m；电缆进入沟内预留 1.5m。电力电缆终端头进动力箱预留 1.5m；电缆中间接线盒两端各留 2.0m，电缆进控制、保护屏、模拟盘时留高＋宽；高压开关柜极低压配电盘、箱预留 2.0m；垂直至水平留 0.5m。

【小贴士】 式中：8＋87＋6 为电缆图示长度 (m)；2×2 为电缆进入建筑物预留 2m；1.5×2 为电缆进入沟内预留 1.5m；1.5×2 为电力电缆终端头进动力箱预留 1.5m；2×2 为电缆中间接线盒两端各留 2.0m；2×0.5 为垂直至水平留 0.5m。

7.4.5 注意事项

工业计算机柜、台设备，工业计算机外部设备，组件（卡件），过程控制管理计算机，生产、经营管理计算机，网络系统及设备联调，工业计算机系统调试，与其他系统数据传递调试，现场总线调试，线缆头工程量按设计图示数量计算。

7.5　仪表管路敷设

7.5.1　高压管

7.5.1.1　高压管的概念 （图 3-高压管）

高压管是一种能够承受压力的管子，多利用此管来输送液体，它的种类很多，有钢管、铜管、不锈钢管及其他。

7.5.1.2　施工图识读

高压管构造示意图如图 7-17 所示，高压管实物图如图 7-18 所示。

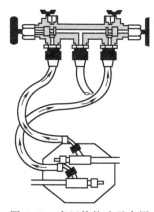

图 7-17　高压管构造示意图

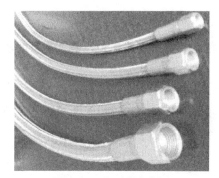

图 7-18　高压管实物图

7.5.1.3　高压管工程量计算规则

高压管工程量按设计图示管路中心线以长度计算。

7.5.2　管缆

7.5.2.1　管缆的概念

管缆主要用于气动控制和气动表传输信号，里面为管，外面为黑色 PVC 护套。

7.5.2.2　施工图识图

管缆布缆如图 7-19 所示，管缆实物图如图 7-20 所示。

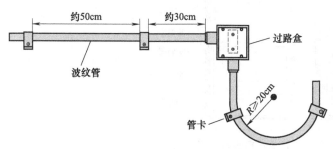

图 7-19　管缆布缆图

图 7-20　管缆实物图

7.5.2.3 管缆工程量计算规则

管缆工程量按设计图示尺寸以长度计算。

7.5.2.4 案例解读

【例 7-7】 某施工工地旁有一座信号传输基站，基站敷设管缆需要绕开这一个工地，工地是长 70m 宽 60m 的矩形工地，管缆需要绕工地半周，试求管缆工程量。

【解】 管缆工程量按设计图示尺寸以长度计算。

管缆工程量＝70＋60＝130（m）。

7.5.2.5 注意事项

钢管、高压管、不锈钢管、有色金属管及非金属管工程量按设计图示管路中心线以长度计算。

7.6 仪表盘、箱、柜及附件安装

7.6.1 仪表盘

仪表盘用于安装仪表及有关装置的刚性平板或结构件。

7.6.2 施工图识图 （音频 3-仪表箱构造）

仪表盘构造示意图如图 7-21 所示，仪表保温箱构造如图 7-22 所示，某品牌仪表柜结构示意图如图 7-23 所示。

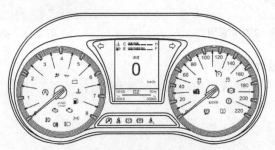

图 7-21　仪表盘构造示意图

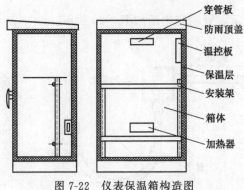

图 7-22　仪表保温箱构造图

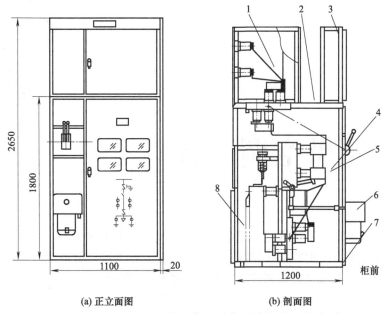

(a) 正立面图　　　　　　　(b) 剖面图

图 7-23　某品牌仪表柜结构示意图

1—母线室；2—压力释放通道；3—仪表室；4—受力操作及联锁结构；5—主开关室；
6—电磁或弹簧机构；7—接地母线；8—电缆室

7.6.3　仪表盘、箱、柜工程量计算规则

仪表盘、箱、柜工程量按设计图示数量计算。

7.6.4　案例解读

【例 7-8】　某电缆敷设工程，其施工示意图如图 7-24 所示，电缆由控制室低压盘通过地沟引至室外，入地埋设引至动力箱，试计算配电箱工程量。

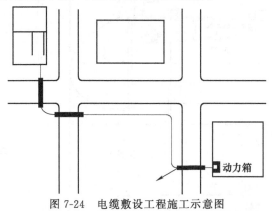

图 7-24　电缆敷设工程施工示意图

【解】　仪表盘、箱、柜工程量计算规则：按设计图示数量计算。

配电箱清单工程量＝1（台）。

7.6.5　注意事项

盘柜附件、元件，仪表阀门，仪表附件工程量按设计图示数量计算。

第8章 ▶▶▶

通风空调工程

通风空调工程由通风系统和空调系统组成。通风系统由送排风机、风道、风道部件、消声器等组成；而空调系统由空调冷热源、空气处理机、空气输送管道输送与分配，以及空调对室内温度、湿度、气流速度及清洁度的自动控制和调节等组成。

8.1 通风、空调设备及部件制作安装

8.1.1 空气加热器

8.1.1.1 空气加热器的概念
空气加热器是主要对气体流进行加热的电加热设备。

8.1.1.2 施工图识图
空气加热器构造示意图如图 8-1 所示，空气加热器现场施工实物图如图 8-2 所示。

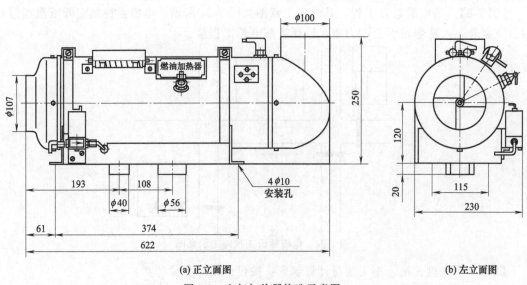

(a) 正立面图   (b) 左立面图

图 8-1 空气加热器构造示意图

8.1.1.3 空气加热器工程量计算规则
按设计图示数量计算。

8.1.2 除尘设备

8.1.2.1 除尘设备的概念 (图1-除尘设备)

除尘设备是指把粉尘从烟气中分离出来的设备，也叫除尘器。

8.1.2.2 施工图识图

脉冲布袋除尘设备构造图如图 8-3 所示，除尘设备现场施工实物图如图 8-4 所示。

图 8-2 空气加热器现场施工实物图

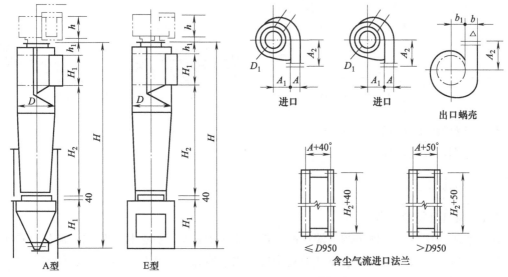

图 8-3 脉冲布袋除尘设备构造示意图

图 8-4 除尘设备现场施工实物图

8.1.2.3 除尘设备工程量计算规则

按设计图示数量计算。

8.1.3 空调器

8.1.3.1 空调器的概念 (视频1-空调器)

空调器，即"空气调节器"，用于向封闭的房间、空间或区域直接提供经过处理的空气的一种空气调节电器，通常简称空调器。

8.1.3.2　施工图识图

空调器构造示意图如图 8-5 所示，空调器现场施工实物图如图 8-6 所示。

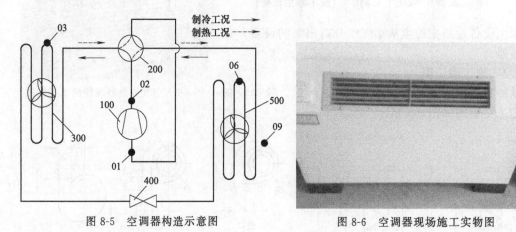

图 8-5　空调器构造示意图　　　　图 8-6　空调器现场施工实物图

8.1.3.3　空调器工程量计算规则

按设计图示数量计算。

8.1.4　风机盘管

8.1.4.1　风机盘管的概念

风机盘管是中央空调理想的末端产品，广泛应用于宾馆、办公楼、医院、商住、科研机构。风机将室内空气或室外混合空气通过表冷器进行冷却或加热后送入室内，使室内气温降低或升高，以满足人们的舒适性要求。

8.1.4.2　施工图识图

风机盘管构造示意图如图 8-7 所示，风机盘管现场施工实物图如图 8-8 所示。

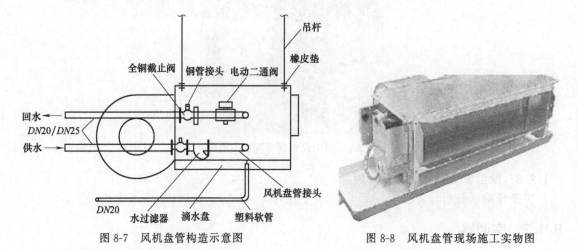

图 8-7　风机盘管构造示意图　　　　图 8-8　风机盘管现场施工实物图

8.1.4.3　风机盘管工程量计算规则

按设计图示数量计算。

8.1.4.4 案例解读

【例 8-1】 风机盘管采用卧式暗装（吊顶式），如图 8-9 所示，试计算其工程量。

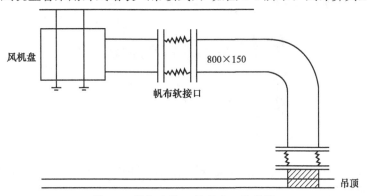

图 8-9　风机盘管（吊顶式）示意图

【解】　工程量计算规则：按设计图示数量计算。

风机盘管清单工程量＝1（台）。

8.1.5　表冷器

8.1.5.1　表冷器的概念 （音频 1-表冷器的特点）

表冷器有两种：一是风机盘管的换热器，它的性能决定了风机盘管输送冷（热）量的能力和对风量的影响，一般空调里都有此设备；二是空调机组内的风冷的翅片换热器。

8.1.5.2　施工图识图

TSL 型表冷器构造示意图如图 8-10 所示，表冷器施工现场实物图如图 8-11 所示。

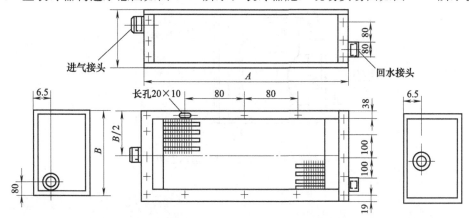

图 8-10　TSL 型表冷器构造示意图

8.1.5.3　表冷器工程量计算规则

按设计图示数量计算。

8.1.6　滤水器、溢水盘

8.1.6.1　滤水器的概念

滤水器是当使用循环水时，为了防止杂质堵塞喷嘴孔口，在循环水管入口处装有圆筒形滤水

图 8-11 表冷器施工现场实物图

器，内有滤网，滤网一般用黄铜丝网或尼龙丝网做成，其网眼的大小可以根据喷嘴孔径而定。

8.1.6.2 施工图识图

手动滤水器构造示意如图 8-12 所示。滤水器现场施工实物图如图 8-13 所示。溢水盘现场施工实物图如图 8-14 所示。

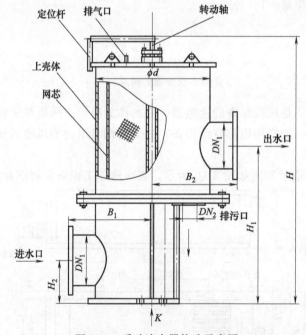

图 8-12 手动滤水器构造示意图

图 8-13 滤水器现场施工实物图

图 8-14 溢水盘现场施工实物图

8.1.6.3 滤水器、溢水盘工程量计算规则

按设计图示数量计算。

8.1.7 净化工作台

8.1.7.1 净化工作台的概念

净化工作台又称超净工作台，是为了适应现代化工业、光电产业、生物制药以及科研试验等领域对局部工作区域洁净度的需求而设计的。

8.1.7.2 施工图识图

净化工作台构造示意图如图 8-15 所示，净化工作台现场施工实物图如图 8-16 所示。

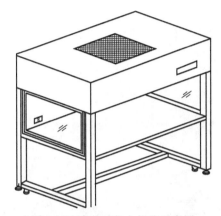

图 8-15　净化工作台构造示意图

图 8-16　净化工作台现场施工实物图

8.1.7.3 净化工作台工程量计算规则

按设计图示数量计算。

8.1.7.4 案例解读

【例 8-2】　如图 8-17 所示，图中有一 SZX-ZP 型净化工作台，其质量为 1500kg，请计算其工程量。

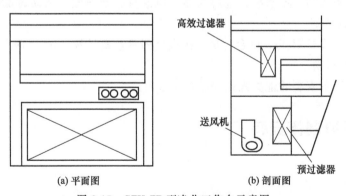

(a) 平面图　　　　　　　　　(b) 剖面图

图 8-17　SZX-ZP 型净化工作台示意图

【解】　按设计图示数量计算。

净化工作台清单工程量＝1（台）。

8.1.8 除湿机

8.1.8.1 除湿机的概念 （图2-除湿机）

除湿机又称为抽湿机、干燥机、除湿器，一般可分为民用除湿机和工业除湿机两大类，属于空调家庭中的一个部分。通常，常规除湿机由压缩机、热交换器、风扇、盛水器、机壳及控制器组成。

8.1.8.2 施工图识图

除湿机构造示意图如图8-18所示，除湿机现场施工实物图如图8-19所示。

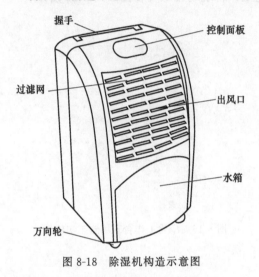

图8-18 除湿机构造示意图

图8-19 除湿机现场施工实物图

8.1.8.3 除湿机工程量计算规则

按设计图示数量计算。

8.1.8.4 注意事项

① 冷却器、密闭门、挡水板、金属壳体、风淋室、洁净室、人防过滤吸收器等的计算规则同除湿机计算规则。

② 过滤器的计算规则：a. 以台计量，按设计图示数量计算；b. 以面积计量，按设计图示尺寸以过滤面积计算。

③ 通风空调设备安装的地脚螺栓按设备自带考虑。

8.2 通风管道制作安装

8.2.1 通风管

8.2.1.1 通风管的概念

通风管是中空的用于通风的管材，多为圆形或方形。

8.2.1.2 施工图识图

通风管构造示意图如图8-20所示，通风管现场施工实物图如图8-21所示。

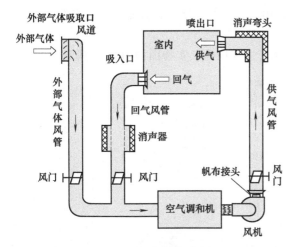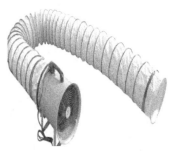

图 8-20 通风管构造示意图   图 8-21 通风管现场施工实物图

风门：可用于调节风量和阻断火灾时产生的烟

消声装置：可以吸收风机和风管发生的噪声

8.2.1.3 通风管工程量计算规则

按设计图示内径尺寸以展开面积计算。

8.2.1.4 案例解读

【例 8-3】 图 8-22 所示为一直径为 0.8m 的塑料通风管道（$\delta=2$mm，焊接），试计算该管道的清单工程量。

图 8-22 塑料通风管道示意图

【解】 清单工程量计算规则：风管制作安装以施工图示不同规格按展开面积计算，不扣除检查孔、测定孔、送风口、吸风口等所占面积。

$$圆管\ F=\pi DL$$

式中　F——圆形风管展开面积，m^2；

　　　D——圆形风管直径，m；

　　　L——管道中心线长度，m。

管道中心线长度 $L=12.0+3.14\times1.0/2+12.0=25.57$（m）。

管道工程量 $F=3.14\times0.8\times25.57=64.23$（$\text{m}^2$）。

8.2.1.5 注意事项

碳钢通风管道、净化通风管道、不锈钢板通风管道、铝板通风管道计算规则同塑料通风管道计算规则。

8.2.2 玻璃钢通风管道

8.2.2.1 玻璃钢通风管道的概念

玻璃钢通风管道是一种由非金属复合材料制造的产品，主要是通过树脂和玻璃纤维以及添加优质的石英砂由机器控制缠绕而成，它具有玻璃钢的属性，优点是耐腐蚀、强度大、寿命长、安装方便可靠等，被广泛应用于石油、化工、环保、排水、农业灌溉等方面。

8.2.2.2 施工图识图

通风管的图例如图 8-23 所示，玻璃钢通风管道现场施工实物图如图 8-24 所示。

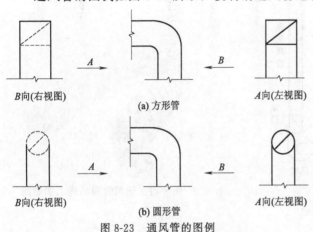

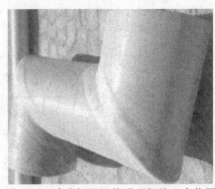

图 8-23　通风管的图例

图 8-24　玻璃钢通风管道现场施工实物图

8.2.2.3 玻璃钢通风管道工程量计算规则

按设计图示外径尺寸以展开面积计算。

8.2.2.4 注意事项

复合型风管计算规则同玻璃钢通风管道计算规则。

8.2.3 风管检查孔

8.2.3.1 风管检查孔的概念

风管检查孔就是在装饰吊顶上面开的检查孔、检修孔。

8.2.3.2 施工图识图

风管检查孔构造示意图如图 8-25 所示，风管检查孔现场施工实物图如图 8-26 所示。

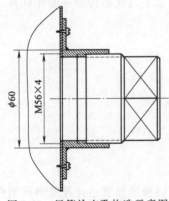

图 8-25　风管检查孔构造示意图

图 8-26　风管检查孔现场施工实物图

8.2.3.3 风管检查孔工程量计算规则

按设计图示数量计算。

8.2.3.4 案例解读

【例 8-4】　某风管检查孔的尺寸如图 8-27 所示，风管检查孔采用Ⅱ型，尺寸为 370mm×340mm，共安装 5 个，试计算其安装工程量。

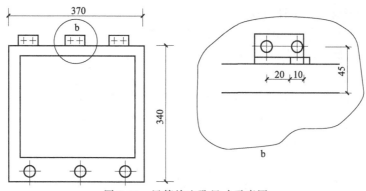

图 8-27　风管检查孔尺寸示意图

【解】　风管检查孔采用Ⅱ型，370mm×340mm 的尺寸安装 5 个，查标准重量表 T614 可知：尺寸为 370mm×340mm 的风管检查孔 2.89kg/个。

则风管检查孔的制作安装工程量为 2.89×5＝14.45（kg）＝0.1445（100kg）。

8.2.3.5　注意事项

① 风管检查孔、温度测定孔、风量测定孔数量，按设计图纸或规范要求计算。

② 风管展开面积，不扣除检查孔、测定孔、送风口、吸风口等所占面积。风管长度一律以设计图示中心线长度为准（主管与支管以其中心线交点划分），包括弯头、三通、变径管、天圆地方等管件的长度，但不包括部件所占的长度。风管展开面积不包括风管、管口重叠部分面积。风管渐缩管：圆形风管按平均直径计算；矩形风管按平均周长计算。

③ 穿墙套管按展开面积计算，计入通风管道工程量中。

④ 通风管道的法兰垫料或封口材料，按图纸要求应在项目特征中描述。

⑤ 净化通风管的空气洁净度按 100000 级标准编制，净化通风管使用的型钢材料如要求镀锌时，工作内容应注明支架镀锌。

8.2.4　柔性软风管

8.2.4.1　柔性软风管的概念

柔性软风管是一种由特殊纤维织成的柔性空气分布系统，即索斯系统，是替代传统送风管、风阀、散流器、绝热材料等的一种送出风末端系统。

8.2.4.2　施工图识图

柔性软风管构造示意图如图 8-28 所示，柔性软风管现场施工实物图如图 8-29 所示。

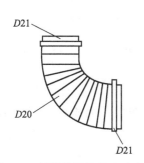

图 8-28　柔性软风管构造示意图

图 8-29　柔性软风管现场施工实物图

8.2.4.3 柔性软风管工程量计算规则

① 以"m"计量，按设计图示中心线以长度计算；

② 以"节"计量，按设计图示数量计算。

8.2.4.4 案例解读

【例 8-5】 请根据图 8-30 中的信息求出各管道工程量，$S_1 = 1m$，$S_2 = 1.2m$，$S_3 = 0.2m$，$S_4 = 0.6m$，$C_1 = 0.3m$，$C_2 = 0.4m$，$C_3 = 0.25m$，$C_4 = 0.35m$。

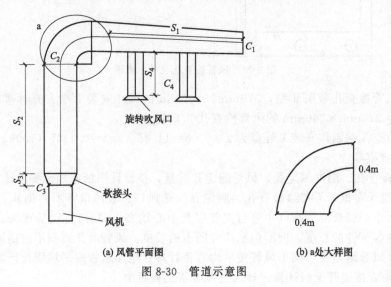

(a) 风管平面图   (b) a处大样图

图 8-30　管道示意图

【解】　（1）ϕC_1 的渐缩风管工程量计算

$$S_{C_1} = 0.5 \times S_1 \times \pi \times (C_1 + C_2) = 0.5 \times 1 \times 3.14 \times (0.3 + 0.4) = 1.099 \ (m^2)$$

（2）柔性接口 ϕC_2 的风管工程量计算

$$S_{C_2} = \pi \cdot S_2 \cdot C_2 + \frac{1}{4}\pi^2 \cdot C_2^2$$

$$= 3.14 \times 1.2 \times 0.4 + 0.25 \times 3.14 \times 3.14 \times 0.4 \times 0.4 = 1.902 \ (m^2)$$

（3）ϕC_3 的工程量计算

$$S_{C_3} = S_3 \times \pi \times (C_2 + C_3)/2 = 0.2 \times 3.14 \times (0.4 + 0.25)/2 = 0.204 \ (m^2)$$

（4）ϕC_4 的风管工程量计算

$$S_{C_4} = \pi \times C_4 \times S_4 \times 2 = 3.14 \times 0.35 \times 0.6 \times 2 = 1.3188 \ (m^2)$$

【小贴士】　式中：因有 2 根支管，旋转吹风口的工程量为 $1 \times 2 = 2$（个），离心式通风机的工程量为 1 台。

8.2.4.5 注意事项

① 弯头导流叶片计算规则：a. 以面积计量，按设计图示按展开面积以"m²"计算；b. 以"组"计量，按设计图示数量计算。

② 温度、风量测定孔计算规则：按设计图示数量计算。

③ 弯头导流叶片数量，按设计图纸或规范要求计算。

8.3　通风管道部件制作安装

8.3.1　碳钢阀门

8.3.1.1　碳钢阀门的概念 （视频 2-碳钢阀门）

碳钢阀门是闸阀系统中的一种，只是其材质是碳钢的。

8.3.1.2　施工图识图

碳钢阀门构造示意图如图 8-31 所示，碳钢阀门现场施工实物图如图 8-32 所示。

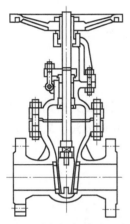

图 8-31　碳钢阀门构造示意图

图 8-32　碳钢阀门现场施工实物图

8.3.1.3　碳钢阀门工程量计算规则

按设计图示数量计算。

8.3.1.4　案例解读

【例 8-6】　如图 8-33 所示，请根据以下信息：$C_1=2$m，$C_2=1$m，$M_1=0.2$m，$M_2=0.4$m，$S_1=0.1$m，$S_2=0.2$m，$S_3=0.1$m，$S_4=0.2$m，试算出管道的工程量（空调器为吊顶式）。

【解】　新风管道直径为 M_2，上面有 C_1 长的软接头和一个长为 S_1 的非保温圆形蝶阀，送风管直径为 C_2，上面分别有 S_3 的软接头和长为 S_4 的非保温圆形蝶阀，空调机为落地式，则：

（1）直径为 M_2 的送风管道工程量计算

$$F_2=\pi \cdot M_2 \cdot (C_1-S_1-S_2)=3.14\times0.4\times(2-0.1-0.2)=2.135 \text{（m}^2\text{）}$$

（2）直径为 M_1 的送风管道工程量计算

$$F_1=\pi \cdot M_1 \cdot (C_2-S_3-S_4)=3.14\times0.2\times(1-0.1-0.2)=0.44 \text{（m}^2\text{）}$$

【小贴士】　式中：$(C_2-S_3-S_4)$ 表示直径为 D 的新风管道长度（中心线为准）；S_1 为软接头长度；S_2 为圆形蝶阀的长度，根据《通用安装工程工程量计算规范》（GB 50856—2013）可知：风管的长度应除去这两部分的长度。

长为 S_1 的软接头工程量 $S_1=0.1$m。

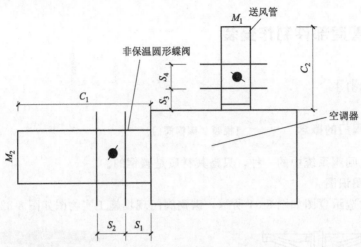

图 8-33 空调器（吊顶式）管道示意图

长为 S_3 的软接头工程量 $S_3 = 0.1m$。

8.3.1.5 注意事项

碳钢阀门包括空气加热器上通阀、空气加热器旁通阀、圆形瓣式启动阀、风管蝶阀、风管止回阀、密闭式斜插板阀、矩形风管三通调节阀、对开多叶调节阀、风管防火阀、各型风罩调节阀等。

8.3.2 铝蝶阀

8.3.2.1 铝蝶阀的概念

铝蝶阀是指关闭件（阀瓣或蝶板）为铝合金材质的蝶阀。铝合金蝶阀的特点能耐高温，适用压力范围也较高，阀门公称通径大，阀体采用碳钢制造，阀板的密封圈采用铝合金环代替橡胶环，适用于暖通、中央空调上下水成套设备中。

8.3.2.2 施工图识图

铝蝶阀构造示意图如图 8-34 所示，铝蝶阀现场施工实物图如图 8-35 所示。

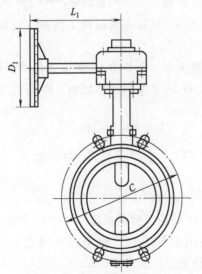

图 8-34 铝蝶阀构造示意图

图 8-35 铝蝶阀现场施工实物图

8.3.2.3　铝蝶阀工程量计算规则
按设计图示数量计算。

8.3.3　玻璃钢阀门

8.3.3.1　玻璃钢阀门的概念
玻璃钢阀门是一种阀门，主要应用于化工、电力、制药、农药、染料、冶炼、污水处理、海水养殖等行业。

8.3.3.2　施工图识图
常见的阀门符号如图 8-36 所示，玻璃钢蝶阀现场施工实物图如图 8-37 所示。

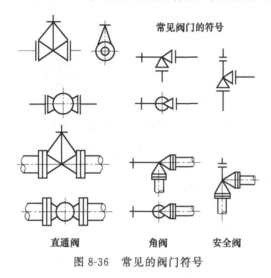

图 8-36　常见的阀门符号

图 8-37　玻璃钢蝶阀现场施工实物图

8.3.3.3　玻璃钢阀门工程量计算规则
按设计图示数量计算。

8.3.4　不锈钢风口、散流器、百叶窗

8.3.4.1　风口、散流器、百叶窗的概念
① 风口指通风的口子，家居风水中的风口也称为"气口"。

②散流器是空调或通风的送风口，就是让出风口出风方向分成多向，一般用在大厅等大面积地方的送风口设置，以便新风分布均匀。

③百叶窗是一种以叶片的凹凸方向来阻挡外界视线的窗。

8.3.4.2 施工图识图

不锈钢风口现场施工实物图如图 8-38 所示。

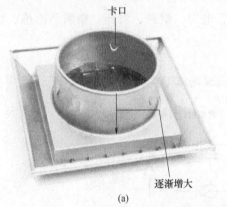

（a）　　　　　　　　　　　　（b）

图 8-38　不锈钢风口现场施工实物图

散流器吊顶送风示意如图 8-39 所示，散流器现场施工实物图如图 8-40 所示。

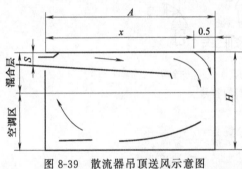

图 8-39　散流器吊顶送风示意图　　　　图 8-40　散流器现场施工实物图

百叶窗构造图如图 8-41 所示，百叶窗现场施工实物图如图 8-42 所示。（视频 3-百叶窗）

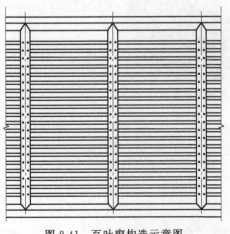

图 8-41　百叶窗构造示意图　　　　　图 8-42　百叶窗现场施工实物图

8.3.4.3 不锈钢风口、散流器、百叶窗工程量计算规则

按设计图示数量计算。

8.3.4.4 案例解读

【例 8-7】 如图 8-43 所示单层百叶风口尺寸示意图，请根据图中信息计算其工程量。

【解】 工程量计算规则：按设计图示数量计算。

单层百叶风口规格为 600mm×300mm。

单个风口周长为 2×(0.6+0.3)=1.8（m）。

8.3.5 不锈钢风帽

8.3.5.1 屋顶风帽 (视频 4-风帽)

屋顶风帽是利用自然界的自然风速推动风机的涡轮旋转及室内外空气对流的原理，将任何水平方

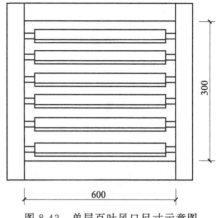

图 8-43 单层百叶风口尺寸示意图

向的空气流动，加速并转变为由下而上垂直的空气流动，以提高室内通风换气效果的一种装置。

8.3.5.2 施工图识图

屋顶风帽构造示意图如图 8-44 所示，屋顶风帽现场施工实物图如图 8-45 所示。

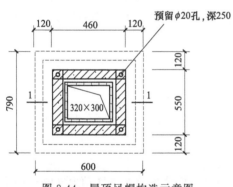

图 8-44 屋顶风帽构造示意图

图 8-45 屋顶风帽现场施工实物图

8.3.5.3 屋顶风帽工程量计算规则

按设计图示数量计算。

8.3.5.4 案例解读

【例 8-8】 如图 8-46 所示为一圆伞形风帽，试计算其清单工程量。

【解】 按设计图示数量计算。

不锈钢风帽清单工程量=1（个）。

8.3.5.5 注意事项

柔性软风管阀门、不锈钢蝶阀、塑料阀门、碳钢风口、散流器、百叶窗，塑料风口、玻璃钢风口、铝及铝合金风口、碳钢风帽、塑料风帽、铝板伞形风帽、玻璃钢风帽、碳钢罩类、

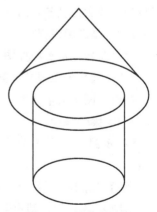

图 8-46 圆伞形风帽

塑料罩类、人防超压自动排气阀、人防手动密闭阀、人防其他部件等计算规则同不锈钢风帽计算规则。

8.3.6 柔性接口

8.3.6.1 柔性接口的概念

它是能承受一定量的轴向线变位和相对角变位的管道接口，如用橡胶圈等材料密封连接的管道接口。

8.3.6.2 施工图识图

柔性接口构造示意图如图 8-47 所示，柔性接口施工实物图如图 8-48 所示。

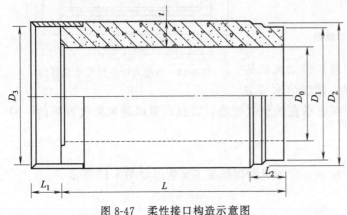

图 8-47　柔性接口构造示意图　　　　　图 8-48　柔性接口施工实物图

8.3.6.3 柔性接口工程量计算规则

按设计图示尺寸以展开面积计算。

8.3.7 消声器

8.3.7.1 消声器的概念 （图 3-消声器）

消声器是阻止声音传播而允许气流通过的一种器件，装设是消除空气动力性噪声的重要措施。消声器是安装在空气动力设备（如鼓风机、空压机、锅炉排气口、发电机、水泵等排气口噪声较大的设备）的气流通道上或进、排气系统中的降低噪声的装置。

8.3.7.2 施工图识图

消声器构造示意图如图 8-49 所示，消声器施工实物图如图 8-50 所示。

8.3.7.3 消声器工程量计算规则

按设计图示数量计算。

8.3.7.4 案例解读

【例 8-9】　如图 8-51 所示，阻抗复合式消声器规格为 2000mm×1500mm，试计算工程量。

【解】　清单工程量计算规则：按设计图示数量计算。

由图 8-51 可知，消声器工程量为 1 台。

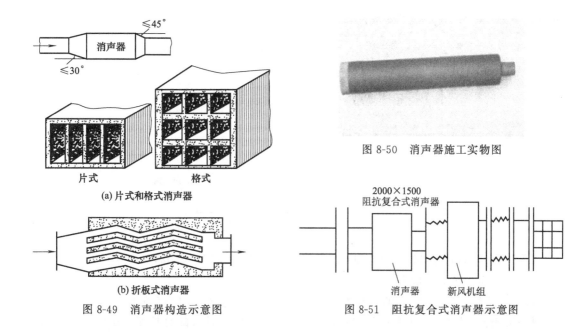

图 8-50　消声器施工实物图

(a) 片式和格式消声器

(b) 折板式消声器

图 8-49　消声器构造示意图

图 8-51　阻抗复合式消声器示意图

8.3.8　静压箱

8.3.8.1　静压箱的概念 （音频 2-静压箱的作用）

静压箱是送风系统减少动压、增加静压、稳定气流和减小气流振动的一种必要的配件，它可使送风效果更加理想。静压箱是一种既能允许气流通过，又能有效地阻止或减弱声能向外传播的装置。

8.3.8.2　施工图识图

PK-29 静压箱示意图如图 8-52 所示，静压箱施工实物图如图 8-53 所示。

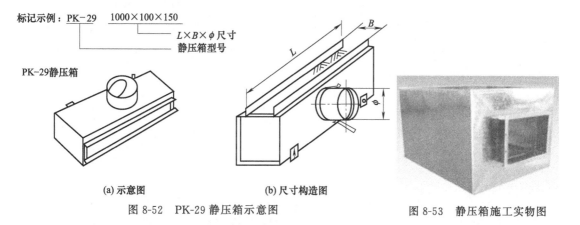

(a) 示意图　　　(b) 尺寸构造图

图 8-52　PK-29 静压箱示意图

图 8-53　静压箱施工实物图

8.3.8.3　静压箱工程量计算规则

① 以"个"计量，按设计图示数量计算；

② 以"m²"计量，按设计图示尺寸以展开面积计算。

8.3.8.4　案例解读

【例 8-10】　图 8-54 所示静压箱尺寸为 2m×2m×1m，落地式风机盘管型号为 FC-800，

风道直径为 $\phi 400$，试计算工程量。

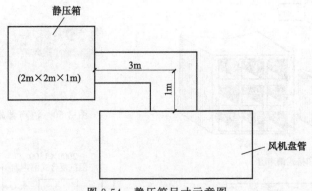

图 8-54 静压箱尺寸示意图

【解】 (1) 风管 $\phi 400$ 工程量为：$\pi DL = \pi \times 0.4 \times (3+1) = 5.024$（m²）。

(2) FC-800 的工程量为：1（台）。

(3) 静压箱（$2 \times 2 \times 1$）的工程量为：$2 \times (2 \times 2 + 2 \times 1 + 2 \times 1) = 16$（m²）。

【小贴士】 式中：0.4 为风管的直径（m）；$(3+1)$为风管的总长度（m）；$2 \times 2 \times 1$ 为静压箱的体积（m³）；静压箱共有 6 个面，$(2 \times 2 + 2 \times 1 + 2 \times 1)$ 为各个面的面积（m²）；由于对立的两个面的截面面积相同故应乘以 2，$2 \times (2 \times 2 + 2 \times 1 + 2 \times 1)$ 为六个面的总面积（m²）。

8.3.8.5 注意事项

静压箱的面积计算：按设计图示尺寸以展开面积计算，不扣除开口的面积。

第 **9** 章 ▶▶▶

工业管道工程

9.1 管道安装

9.1.1 管道

① 管道　由管道组成件装配而成，用于输送、分配、混合、分离、排放、计量或截止流体流动。除管道组成件外，管道还包括管道支承件，但不包括支承构筑物，如建筑框架、管架、管廊和底座（管墩或基础）等。 （图 1-管道）

② 管道组成件　是指用于连接或装配成管道的元件，包括管子、管件、法兰、垫片、紧固件、阀门以及管道特殊件。

③ 工业管道　工业管道是为生产输送介质的管道，一般与生产设备相连接，是为生产服务的。这种管道的种类较多，如输送氧气、乙炔、煤气、氢气、氮气、压缩空气、燃料油等介质的管道。

④ 压力管道　是指利用一定的压力，用于输送气体或者液体的管状设备，其范围规定为最高工作压力大于或者等于 0.1MPa（表压）的气体、液化气体、蒸汽介质或者可燃、易爆、有毒、有腐蚀性、最高工作温度高于或者等于标准沸点的液体介质，且公称直径大于 25mm 的管道。

9.1.2 低压管道

9.1.2.1 低压管道的概念

低压管道指的是公称压力不超过 1.6MPa 的工业管道。

9.1.2.2 低压管道的分类

本节所述低压管道包括低压碳钢管、低压碳钢伴热管、衬里钢管预制安装、低压不锈钢伴热管、低压碳钢板卷管、低压不锈钢管、低压不锈钢板卷管、低压合金钢管、低压钛及钛合金管、低压镍及镍合金管、低压锆及锆合金管、低压铝及铝合金管、低压铝及铝合金板卷管、低压铜及铜合金管、低压铜及铜合金板卷管、低压塑料管、金属骨架复合管、低压玻璃钢管、低压铸铁管、低压预应力混凝土管。

9.1.2.3 低压管道工程量计算规则

低压管道按设计图示管道中心线以长度计算，计算单位：m。

9.1.2.4   案例解读

【例 9-1】   某工程拟现场安装集水器和分水器，使用的工业管道均为低压不锈钢管，如图 9-1 所示，试求该工程的清单工程量。

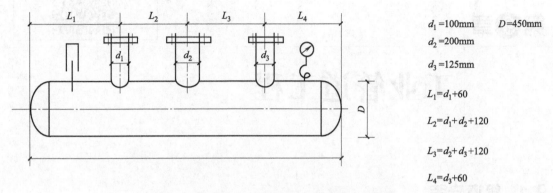

图 9-1   集水器和分水器的工业管道安装示意图

【解】   工程量计算规则：按设计图示管道中心线以长度计算。

由图中所给的数据可知：

$L_1 = d_1 + 60 = 100 + 60 = 160$（mm）

$L_2 = d_1 + d_2 + 120 = 100 + 200 + 120 = 420$（mm）

$L_3 = d_2 + d_3 + 120 = 200 + 125 + 120 = 445$（mm）

$L_4 = d_3 + 60 = 125 + 60 = 185$（mm）

则分、集水器长 $L = L_1 + L_2 + L_3 + L_4 = 160 + 420 + 445 + 185 = 1210$（mm）。

低压不锈钢管工程量＝1.21（m）。

【小贴士】   式中：清单工程量计算数据皆根据题示及图示所得。

9.1.2.5   注意事项

① 管道工程量计算不扣除阀门、管件所占长度；室外埋设管道不扣除附属构筑物（井）所占长度；方形补偿器以其所占长度列入管道安装工程量。

② 衬里钢管预制安装包括直管、管件及法兰的预安装及拆除。

③ 压力试验按设计要求描述试验方法，如水压试验、气压试验、泄漏性试验、真空试验等。

④ 吹扫与清洗按设计要求描述吹扫与清洗方法和介质，如水冲洗、空气吹扫、蒸汽吹扫、化学清洗、油清洗等。

⑤ 脱脂按设计要求描述脱脂介质种类，如二氯乙烷、三氯乙烯、四氯化碳、动力苯、丙酮或酒精等。

9.1.3   中压管道

9.1.3.1   中压管道的概念

中压管道指的是公称压力为 1.6～10MPa 的工业管道。

9.1.3.2   中压管道的分类

本节所述中压管道包括中压碳钢管、中压螺旋卷管、中压不锈钢管、中压合金钢管、中压铜及铜合金管、中压钛及钛合金管、中压锆及锆合金管、中压镍及镍合金管。

9.1.3.3　中压管道工程量计算规则

按设计图示管道中心线以长度计算，计算单位：m。

9.1.3.4　案例解读

【例 9-2】　某工程拟现场安装 4 套过滤反应设备，采用圆筒焊接工艺，其设备筒体由钢板卷制而成，直径 1m，长度 1.5m，椭圆形封头，钢板厚度为 12mm，如图 9-2 所示，椭圆形封头的两条焊缝进行探伤。对其 15％进行 X 射线探伤 30 张，对其 100％进行超声波探伤，对其 100％进行磁粉探伤，最后要对这个设备进行焊接工艺评定，且连接过滤设备的管道采用 $\phi76$ 的钢管，连接反应器的管道采用 $\phi80$ 的钢管，试根据图示内容计算安装的过滤设备的工程量以及连接设备的所用管道的工程量。

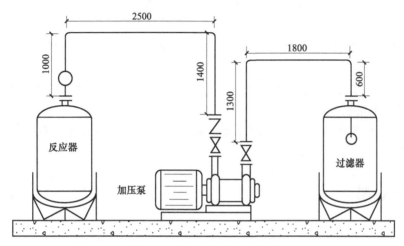

图 9-2　过滤反应设备示意图

【解】　（1）过滤设备的工程量计算规则：按设计图示数量计算。

过滤设备的清单工程量＝图示数量＝4（台）。

（2）管道的工程量计算规则：按设计图示管道中心线以长度计算，单位为 m。

$L_{过滤器}$＝1.3＋1.8＋0.6＝3.7（m）

$L_{反应器}$＝1.1＋2.5＋1.4＝5.0（m）

因为有 4 套设备需要安装，连接过滤器的管道长度为：3.7×4＝14.8（m）。

连接反应器的管道长度为：5.0×4＝20.0（m）。

【小贴士】　式中：因为要安装 4 台设备，所以管道的长度要乘以 4。

9.1.3.5　注意事项

① 管道工程量计算不扣除阀门、管件所占长度；方形补偿器以其所占长度列入管道安装工程量。

② 压力试验按设计要求描述试验方法，如水压试验、气压试验、泄漏性试验、真空试验等。

③ 吹扫与清洗按设计要求描述吹扫与清洗方法和介质，如水冲洗、空气吹扫、蒸汽吹扫、化学清洗、油清洗等。

④ 脱脂按设计要求描述脱脂介质种类，如二氯乙烷、三氯乙烯、四氯化碳、动力苯、丙酮或酒精等。

9.1.4　高压管道

9.1.4.1　高压管道的概念
高压管道指的是公称压力为 10～42MPa 的工业管道。

9.1.4.2　高压管道的分类
本节所述高压管道包括高压碳钢管、高压合金钢管、高压不锈钢管。

9.1.4.3　高压管道工程量计算规则
高压管道按设计图示管道中心线以长度计算，计算单位：m。

9.1.4.4　注意事项
① 管道工程量计算不扣除阀门、管件所占长度；方形补偿器以其所占长度列入管道安装工程量。

② 压力试验按设计要求描述试验方法，如水压试验、气压试验、泄漏性试验、真空试验等。

③ 吹扫与清洗按设计要求描述吹扫与清洗方法和介质，如水冲洗、空气吹扫、蒸汽吹扫、化学清洗、油清洗等。

④ 脱脂按设计要求描述脱脂介质种类，如二氯乙烷、三氯乙烯、四氯化碳、动力苯、丙酮或酒精等。

9.2　管件安装

9.2.1　管件

9.2.1.1　管件的概念　（图 2-管件）　（视频 1-管件）

管件是管道系统中起连接、控制、变向、分流、密封、支撑等作用的零部件的统称。

钢制管件均为承压管件，根据加工工艺不同，分为三大类，即对焊类管件（分有焊缝和无焊缝两种）、承插焊和螺纹管件、法兰管件。

9.2.1.2　管件的分类
管件的种类很多，一般根据用途、连接、材料、加工方式分类。

① 用于管子互相连接的管件　法兰、活接、管箍、夹箍、卡套、喉箍等，如图 9-3～图 9-7所示。

图 9-3　活接

图 9-4　夹箍

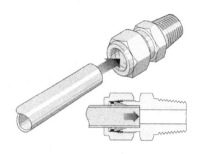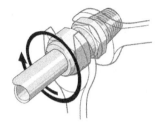

图 9-5 卡套

图 9-6 管箍

图 9-7 喉箍

② 改变管子方向的管件 弯头、弯管，如图 9-8、图 9-9 所示。

图 9-8 弯头

图 9-9 弯管

③ 改变管子管径的管件 变径（异径管）、异径弯头、支管台、补强管，如图 9-10～图 9-13 所示。

图 9-10 变径（异径管）

图 9-11 异径弯头

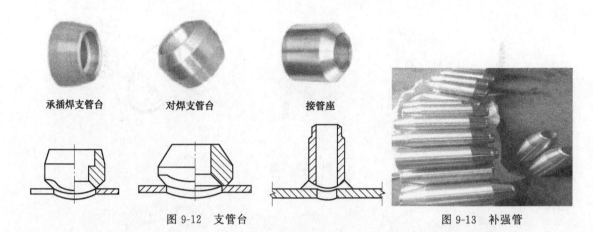

承插焊支管台   对焊支管台   接管座

图 9-12　支管台　　　　　　　　　图 9-13　补强管

④ 增加管路分支的管件　三通、四通，如图 9-14 所示。

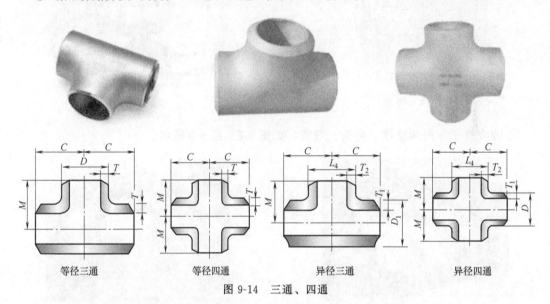

等径三通　　　　　等径四通　　　　　异径三通　　　　　异径四通

图 9-14　三通、四通

⑤ 用于管路密封的管件　垫片、生料带、线麻、法兰盲板、管堵、盲板、封头、焊接堵头，如图 9-15～图 9-18 所示。

图 9-15　垫片

图 9-16　生料带

⑥ 用于管路固定的管件　卡环、托钩、吊环、支架、托架、管卡等，如图 9-19～图 9-24 所示。

图 9-17 管堵

图 9-18 盲板

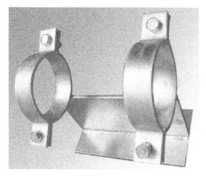

图 9-19 卡环

图 9-20 托钩

图 9-21 吊环

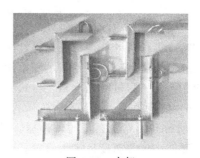

图 9-22 支架

U形管卡

消防管卡

图 9-23 托架

图 9-24 管卡

9.2.2 低压管件

9.2.2.1 低压管件的概念

低压管件指的是公称压力不超过 1.6MPa 的管件。

9.2.2.2 低压管件的分类

本节所述低压管件包括低压碳钢管件、低压碳钢板卷管件、低压不锈钢管件、低压不锈钢板卷管件、低压合金钢管件、低压加热外套碳钢管件（两半）、低压加热外套不锈钢管件（两半）、低压铝及铝合金管件、低压铝及铝合金板卷管件、低压铜及铜合金管件、低压钛及钛合金管件、低压锆及锆合金管件、低压镍及镍合金管件、低压塑料管件、金属骨架复合管件、低压玻璃钢管件、低压铸铁管件、低压预应力混凝土转换件。

9.2.2.3 低压管件工程量计算规则

低压管件按设计图示数量计算，计算单位：个。

9.2.2.4 案例解读

【例 9-3】 某给排水工程一部分构造示意图如图 9-25 所示，试求图中管件的工程量。

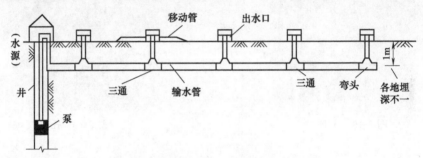

图 9-25 给排水工程一部分构造示意图

【解】 工程量计算规则：按设计图示数量计算，计算单位：个。

三通接头管件工程量＝图示工程量＝5（个）。

弯头管件工程量＝图示施工材料＝1（个）。

9.2.2.5 注意事项

① 管件包括弯头、三通、四通、异径管、管接头、管帽、方形补偿器弯头、管道上仪表一次部件、仪表温度计扩大管等。

② 管件压力试验、吹扫、清洗、脱脂均包括在管道安装中。

③ 在主管上挖眼接管的三通和摔制异径管，均以主管径按管件安装工程量计算，不另计制作费和主材费；挖眼接管的三通支线管径小于主管径 1/2 时，不计算管件安装工程量；在主管上挖眼接管的焊接接头、凸台等配件，按配件管径计算管件工程量。

④ 三通、四通、异径管均按大管径计算。

⑤ 管件用法兰连接时执行法兰安装项目，管件本身不再计算安装。

⑥ 半加热外套管摔口后焊接在内套管上，每处焊口按一个管件计算；外套碳钢管如焊接在不锈钢内套管上时，焊口间需加不锈钢短管衬垫，每处焊口按两个管件计算。

9.2.3 中压管件

9.2.3.1 中压管件的概念

中压管件指的是公称压力为 1.6～10MPa 的管件。

9.2.3.2 中压管件的分类

本节所述中压管件包括中压碳钢管件、中压螺旋卷管件、中压不锈钢管件、中压合金钢管件、中压铜及铜合金管件、中压钛及钛合金管件、中压锆及锆合金管件、中压镍及镍合金管件。

9.2.3.3 中压管件工程量计算规则

中压管件按设计图示数量计算，计算单位：个。

9.2.3.4 注意事项

① 管件包括弯头、三通、四通、异径管、管接头、管帽、方形补偿器弯头、管道上仪表一次部件、仪表温度计扩大管等。

② 管件压力试验、吹扫、清洗、脱脂均包括在管道安装中。

③ 在主管上挖眼接管的三通和摔制异径管，均以主管径按管件安装工程量计算，不另计制作费和主材费；挖眼接管的三通支线管径小于主管径 1/2 时，不计算管件安装工程量；在主管上挖眼接管的焊接接头、凸台等配件，按配件管径计算管件工程量。

④ 三通、四通、异径管均按大管径计算。

⑤ 管件用法兰连接时执行法兰安装项目，管件本身不再计算安装。

⑥ 半加热外套管摔口后焊接在内套管上，每处焊口按一个管件计算；外套碳钢管如焊接在不锈钢内套管上时，焊口间需加不锈钢短管衬垫，每处焊口按两个管件计算。

9.2.4 高压管件

9.2.4.1 高压管件的概念

高压管件顾名思义是耐压能力比较高的管件。高压管件指的是公称压力为 10～42MPa 的管件。高压管件用于特定的环境下如高压蒸汽设备、化工高温高压管道、电厂和核电站的压力容器、高压锅炉配件等。

9.2.4.2 高压管道的分类

本节所述高压管道包括高压碳钢管件、高压不锈钢管件、高压合金钢管件。

9.2.4.3 高压管件工程量计算规则

高压管件按设计图示数量计算，计算单位：个。

9.2.4.4 注意事项

① 管件包括弯头、三通、异径管、管接头、管帽、方形补偿器弯头、管道上仪表一次部件、仪表温度计扩大管等。

② 管件压力试验、吹扫、清洗、脱脂均包括在管道安装中。

③ 三通、四通、异径管均按大管径计算。

④ 管件用法兰连接时执行法兰安装项目，管件本身不再计算。

⑤ 半加热外套管摔口后焊接在内套管上，每处焊口按一个管件计算；外套碳钢管如焊接在不锈钢内套管上时，焊口间需加不锈钢短管衬垫，每处焊口按两个管件计算。

9.3 阀门安装

9.3.1 阀门

9.3.1.1 阀门的概念 (音频 1-阀门) (视频 2-止回阀)

阀门是工业管路上控制介质流动的一种重要附件，可用于控制空气、水、蒸气、各种腐蚀性介质、泥浆、油品、液态金属和放射性介质等各种类型流体的流动。阀门由阀体、启闭机构、阀盖三大部分组成。

9.3.1.2　阀门的分类

　　① 按用途分　截断阀、分流阀、调节阀、止回阀、安全阀，如图9-26～图9-30所示。

　　② 按作用力分　他动作用阀门、自动作用阀门。

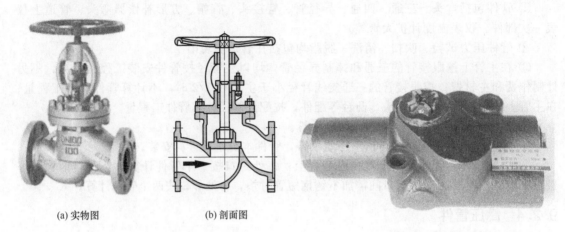

(a) 实物图　　　　　(b) 剖面图

图 9-26　截断阀　　　　　　　　　　　　　　图 9-27　分流阀

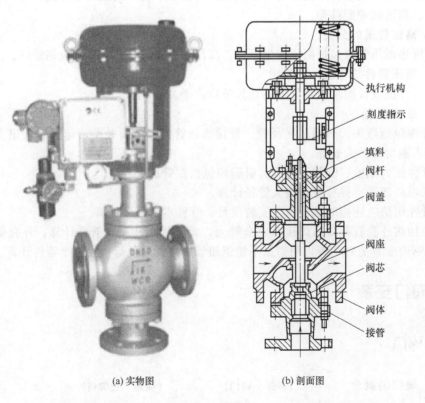

(a) 实物图　　　　　(b) 剖面图

图 9-28　调节阀

(a) 实物图

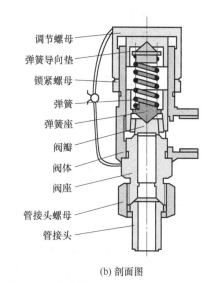

(b) 剖面图

图 9-29　止回阀

图 9-30　安全阀

9.3.2　低压阀门

9.3.2.1　低压阀门的概念

低压阀门指的是公称压力不超过 1.6MPa 的阀门。但阀门壳体为碳钢、合金钢、不锈钢的，不属于低压阀门。低压阀门在用途上因其承受压力低，都是安装在各种低压管道及设备上。

9.3.2.2　低压阀门的分类

本节所述低压阀门包括低压螺纹阀门，低压焊接阀门，低压法兰阀门，低压齿轮，液压传动，电动阀门，低压安全阀门，低压调节阀门。

9.3.2.3　低压阀门工程量计算规则

低压阀门按设计图示数量计算，计算单位：个。

9.3.2.4　案例解读

【例 9-4】　某过滤系统部分组成系统构造示意图如图 9-31 所示，已知储水罐与加压泵之间采用直径为 $\phi50$ 的中压管道，加压泵与过滤器之间采用 $\phi75$ 的中压管道，试根据图中的信息求图中阀门和管道的工程量。

【解】　（1）阀门工程量计算规则：按设计图示数量计算，计算单位：个。

阀门工程量=图示工程量=2（个）。

（2）管道的工程量计算规则：按设计图示管道中心线以长度计算，计算单位：m。

$\phi50$ 管道工程量=3.2+4=7.2（m）。

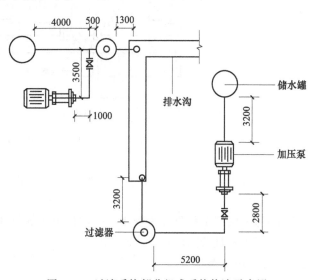

图 9-31　过滤系统部分组成系统构造示意图

$\phi 75$ 管道工程量＝2.8＋5.2＋3.2＋1＋3.5＋4.0＋0.5＋1.3＝21.5（m）。

【小贴士】　式中：要能够分清楚直径为 50mm 的管道的长度和直径为 75mm 的管道的长度。

9.3.2.5　注意事项

① 减压阀直径按高压侧计算。

② 电动阀门包括电动机安装。

③ 操纵装置安装按规范或设计技术要求计算。

9.3.3　中压阀门

9.3.3.1　中压阀门的概念

中压阀门指的是公称压力为 1.6～10MPa 的阀门。

9.3.3.2　中压阀门的分类

本节所述中压阀门包括中压螺纹阀门、中压焊接阀门、中压法兰阀门、中压齿轮、液压传动、电动阀门、中压安全阀门、中压调节阀门。

9.3.3.3　中压阀门工程量计算规则

中压阀门按设计图示数量计算，计算单位：个。

9.3.3.4　案例解读

【例 9-5】　如图 9-32 所示，路边有 3 个相同的消防栓。试求阀门工程量。

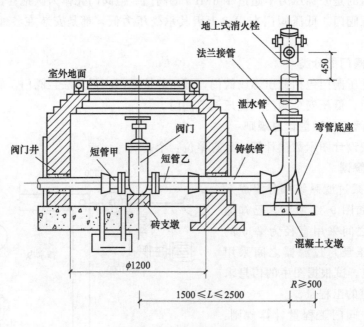

图 9-32　消防栓示意图

【解】　阀门工程量计算规则：按设计图示数量计算。

阀门工程量按图示数量＝3（个）。

9.3.3.5　注意事项

中压阀门的注意事项同低压阀门。

9.3.4　高压阀门

9.3.4.1　高压阀门的概念

高压阀门指的是公称压力为 $10\sim42\text{MPa}$ 的阀门。

9.3.4.2　高压阀门的分类

本节所述高压阀门包括高压螺纹阀门、高压法兰阀门、高压焊接阀门。

9.3.4.3　高压阀门工程量计算规则

高压阀门按设计图示数量计算，计算单位：个。

9.3.4.4　案例解读

【例 9-6】　某未完工排水系统如图 9-33 所示，每根水管安装一个阀门。试求阀门工程量。

【解】　工程量计算规则：阀门工程量按设计图示数量计算。

阀门工程量＝图示数量＝8（个）。

9.3.4.5　注意事项

减压阀直径按高压侧计算。

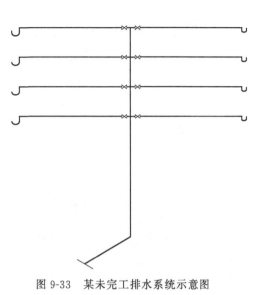

图 9-33　某未完工排水系统示意图

9.4　法兰安装

9.4.1　法兰

9.4.1.1　法兰的概念　（图 3-法兰）　（视频 3-法兰）

法兰，又叫法兰凸缘盘或突缘。管道法兰系指管道装置中配管用的法兰，用在设备上系指设备的进出口法兰。法兰上有孔眼，用螺栓使两法兰紧连。法兰间用衬垫密封。法兰分螺纹连接（丝扣连接）法兰、焊接法兰和卡夹法兰。法兰都是成对使用的，低压管道可以使用丝扣连接法兰，当管道内部压力大于 4kgf 时，采用焊接法兰连接。两片法兰盘之间加上密封垫，然后用螺栓紧固。不同压力的法兰厚度不同，它们使用的螺栓也不同。水泵和阀门在和管道连接时，这些器材设备的局部，也制成相对应的法兰形状，也称为法兰连接。

9.4.1.2　法兰的分类

① 按机械行业标准（JB）分　整体法兰、对焊法兰、板式平焊法兰、对焊环板式松套法兰、平焊环板式松套法兰、翻边环板式松套法兰、法兰盖。

② 按国家标准（GB）分　整体法兰、螺纹法兰、对焊法兰、带颈平焊法兰、承插焊法兰、对焊环松套法兰、板式平焊法兰、对焊环板式松套法兰、平焊环板式松套法兰、翻边环板式松套法兰、法兰盖。

平焊法兰构造示意如图 9-34 所示，常见法兰类型如图 9-35 所示，法兰实物如图 9-36～

图 9-41所示。

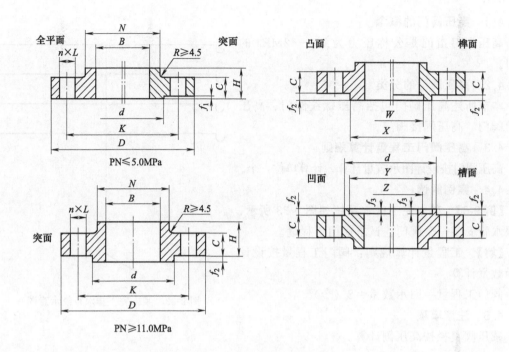

图 9-34　平焊法兰构造示意图

D—法兰管径；K—螺栓孔中心圆直径；n—螺栓数量；L—螺栓孔直径；

N、W、Y、Z、d、f—密封尺寸；C—法兰厚度；B—法兰内径；R—圆角半径

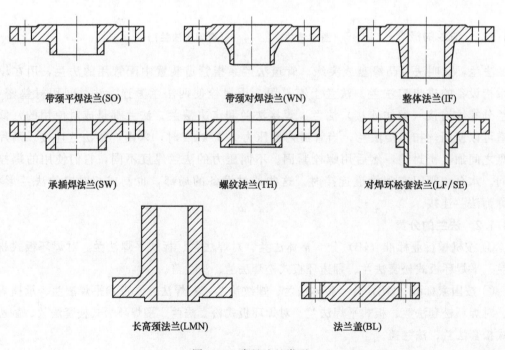

图 9-35　常见法兰类型

图 9-36 整体法兰

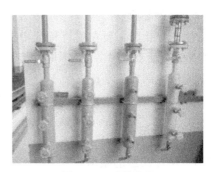

图 9-37 对焊法兰

图 9-38 带颈承插焊法兰

图 9-39 平焊环板式松套法兰

图 9-40 翻边环板式松套法兰

图 9-41 法兰盖

9.4.2 低压法兰

9.4.2.1 低压法兰的概念

低压法兰指的是公称压力不超过 1.6MPa 的法兰。

9.4.2.2 低压法兰的分类

本节所述低压法兰包括低压碳钢螺纹法兰、低压碳钢焊接法兰、低压铜及铜合金法兰、低压不锈钢法兰、低压合金钢法兰、低压铝及铝合金法兰、低压钛及钛合金法兰、低压锆及锆合金法兰、低压镍及镍合金法兰、钢骨架复合塑料法兰。

9.4.2.3 低压法兰工程量计算规则

低压法兰按设计图示数量计算，计算单位：副（片）。

9.4.2.4 注意事项

① 法兰焊接时，要在项目特征中描述法兰的连接形式（平焊法兰、对焊法兰、翻边活动法兰及焊环活动法兰等），不同连接形式应分别列项。

② 配法兰的盲板不计安装工程量。

③ 焊接盲板（封头）按管件连接计算工程量。

9.4.3 中压法兰

9.4.3.1 中压法兰的概念

中压法兰指的是公称压力为 1.6～10MPa 的法兰。

9.4.3.2 中压法兰的分类

本节所述中压法兰包括中压碳钢螺纹法兰、中压碳钢焊接法兰、中压铜及铜合金法兰、中压不锈钢法兰、中压合金钢法兰、中压钛及钛合金法兰、中压锆及锆合金法兰、中压镍及镍合金法兰。

9.4.3.3 中压法兰工程量计算规则

中压法兰按设计图示数量计算，计算单位：副（片）。

9.4.3.4 注意事项

① 法兰焊接时，要在项目特征中描述法兰的连接形式（平焊法兰、对焊法兰等），不同连接形式应分别列项。

② 配法兰的盲板不计安装工程量。

③ 焊接盲板（封头）按管件连接计算工程量。

9.4.4 高压法兰

9.4.4.1 高压法兰的概念

高压法兰指的是公称压力为 10～42MPa 的法兰。

9.4.4.2 高压法兰的分类

本节所述高压法兰包括高压碳钢螺纹法兰、高压碳钢焊接法兰、高压不锈钢焊接法兰、高压合金钢焊接法兰。

9.4.4.3 高压法兰工程量计算规则

高压法兰按设计图示数量计算，计算单位：副（片）。

9.4.4.4 注意事项

① 配法兰的盲板不计安装工程量。

② 焊接盲板（封头）按管件连接计算工程量。

9.5 板卷管制作

（1）板卷管的概念 （音频2-板卷管）

板卷管是采用直条的钢带通过专用设备直卷焊接成型的钢管，焊缝为直线型。

（2）板卷管的分类

本节所述板卷管包括碳钢板直管、不锈钢板直管、铝及铝合金板直管。

（3）板卷管工程量计算规则

板卷管制作工程量按设计图示质量计算，计算单位：t。

（4）注意事项

管子在搬运、存放过程中常会出现弯曲、管口椭圆或局部撞瘪的现象，需经过相应的处理使之符合使用标准。

9.6　管件制作及管架制作安装

（1）管件制作的概念

管道安装工程中，在管路转弯、分支、弯径时需要相适应的管件来满足其变化要求。管件制作就是制作满足相关要求的管件。

（2）管件制作的分类

本节所述管件制作包括碳钢板管件制作、不锈钢板管件制作、铝及铝合金板管件制作、碳钢管虾体弯制作、中压螺旋卷管虾体弯制作、不锈钢管虾体弯制作、铝及铝合金管虾体弯制作、铜及铜合金管虾体弯制作、管道机械煨弯、管道中频煨弯、塑料管煨弯。

（3）管件制作工程量计算规则

碳钢板管件制作、不锈钢板管件制作、铝及铝合金板管件制作按设计图示质量计算，计算单位：t。

碳钢管虾体弯制作、中压螺旋卷管虾体弯制作、不锈钢管虾体弯制作、铝及铝合金管虾体弯制作、铜及铜合金管虾体弯制作、管道机械煨弯、管道中频煨弯、塑料管煨弯，按设计图示数量计算，计算单位：个。

管架制作安装，按设计图示质量计算，计算单位：kg。

（4）案例解读

【例9-7】　某茶水房管道转折处安装管件，如图9-42所示，试求其工程量。

图9-42　管件构造示意图

【解】　管件工程量计算规则：按设计图示数量计算。

由图可知：管件工程量为3个。

（5）注意事项

① 管件包括弯头、三通、异径管。异径管按大头口径计算，三通按主管口径计算。

② 单件支架质量有 100kg 以下和 100kg 以上时，应分别列项。

③ 支架衬垫需注明采用何种衬垫，如防腐木垫、不锈钢衬垫、铝衬垫等。

④ 采用弹簧减震器时需注明是否做相应试验。

9.7 无损探伤与热处理

（1）无损探伤与热处理的概念 （音频 3-热处理）

无损探伤是检查焊缝内部的裂纹、气孔、夹渣、未焊透等缺陷比较准确的测定方法。它对焊接接头的组织和性能没有任何损害。热处理就是将金属材料在固态范围内施以不同的加热、保温和冷却制度，通过改变金属的表面或内部的组织结构以获得所需要性能的一种综合热加工工艺。

（2）无损探伤与热处理的分类

本节所述无损探伤与热处理方法包括管材表面超声波探伤、管材表面磁粉探伤（图 9-43）、焊缝 X 射线探伤、焊缝 γ 射线探伤、焊缝超声波探伤、焊缝磁粉探伤、焊缝渗透探伤；焊前预热、后热处理，焊口热处理。各种探伤仪及探伤检测如图 9-44～图 9-47 所示，渗透探伤示意图如图 9-48 所示。

图 9-43　管材表面磁粉探伤

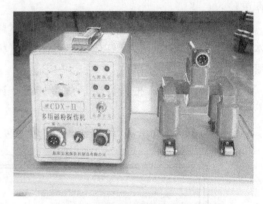

图 9-44　便携式磁粉探伤检测仪

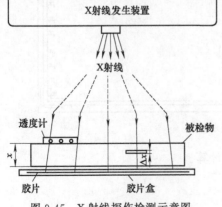

图 9-45　X 射线探伤检测示意图

x—被检物厚度

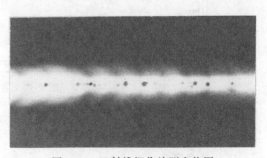

图 9-46　X 射线探伤检测实物图

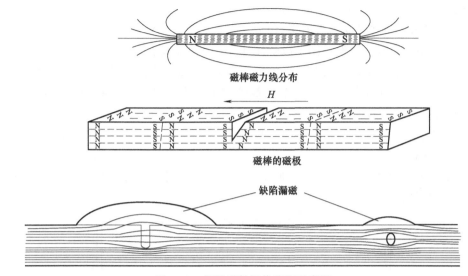

图 9-47 焊缝磁粉探伤检测示意图

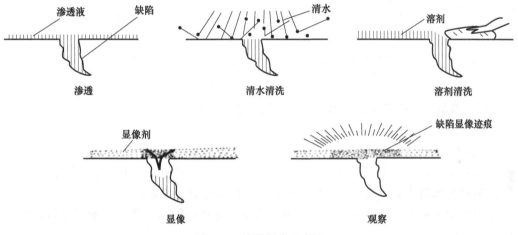

图 9-48 渗透探伤示意图

（3）无损探伤与热处理工程量计算规则

① 管材表面超声波探伤、管材表面磁粉探伤计算规则：a. 以"m"计量，按管材无损探伤长度计算；b. 以"m²"计量，按管材表面探伤检测面积计算。

② 焊缝 X 射线探伤、焊缝 γ 射线探伤、焊缝超声波探伤、焊缝磁粉探伤、焊缝渗透探伤，焊前预热、后热处理，焊口热处理，按规范或设计技术要求计算，计算单位：口。

（4）注意事项

探伤项目包括固定探伤仪支架的制作、安装。

9.8 其他项目制作安装

（1）其他项目制作安装的概念

本节所述其他项目制作安装包括冷排管制作安装，分、集气（水）缸制作安装，空气分气筒制作安装、空气调节喷雾管安装、钢制排水漏斗制作安装、水位计安装、手摇泵安装、套管制作安装。

（2）**其他项目制作安装工程量计算规则**

① 冷排管制作安装，按设计图示以长度计算，计算单位：m。

② 分、集气（水）缸制作安装，套管制作安装，按设计图示数量计算，计算单位：台。

③ 空气分气筒制作安装、空气调节喷雾管安装、水位计安装，按设计图示数量计算，计算单位：组。

④ 钢制排水漏斗制作安装、手摇泵安装，按设计图示数量计算，计算单位：个。

（3）**案例解读**

【例 9-8】　某房屋顶示意如图 9-49 所示，有六个排水管道，管道上都安装钢制漏斗，试求钢漏斗的工程量。

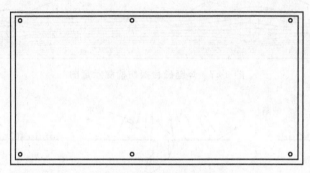

图 9-49　房屋顶示意图

【解】　钢漏斗工程量计算规则：按设计图示数量计算。

钢漏斗工程量＝图示工程量＝6（个）。

（4）**注意事项**

① 冷排管制作安装项目中包括钢带退火，加氨，冲、套翅片，按设计要求计算。

② 钢制排水漏斗制作安装，其口径规格按下口公称直径描述。

③ 套管制作安装，适用于穿基础、墙、楼板等部位的防水套管、一般钢套管及防火套管等，应分别列项。

扫码看图片、音/视频

第 ⑩ 章 ▶▶▶

消防工程

10.1 水灭火系统

（1）水灭火系统的概念

水灭火系统是指以水为基本灭火介质，由为消防用途的用水设备供水的管网和设施组成的系统，用于灭火、控火、防火分隔，防护冷却。

水灭火系统由消防水源、供水设施（含稳压设施）、系统管网、消防设备、控制装置和泡沫供应设施共同组成。

虽然不同的系统有不同的消防设施和控制装置，但消防水源、供水设施和系统管网是各类系统的基本构成要素。

室内消水栓系统由消防水源、供水设施、系统管网、室内消火栓、消火栓泵电控柜组成。自动喷水灭火系统由消防水源、供水设施、系统管网、报警阀、喷头、喷淋泵电控柜组成。喷淋-泡沫联用系统是在自动喷水灭火系统的基础上配置泡沫供应装置而成，因此，系统构成是在自动喷水灭火系统构成中增加泡沫供应装置。（音频 1-室内消水栓系统的组成）

由消防水源和供水设施的不同组合又可按管网内水压分为常高压和临时高压消防给水系统。

消防水源必须是能够为系统连续提供火灾延续时间内所需的全部消防用水量的水源，如市政给水管网、高位消防水池、消防水池、天然水源、人工水源（如游泳池、水景池、冷却水）。

（2）水灭火系统的分类

一些常用到的水灭火系统有自动喷水灭火系统、水喷雾灭火系统、细水雾灭火系统。

① 自动喷水灭火系统　自动喷水灭火系统是由洒水喷头、报警阀组、水流报警装置（水流指示器、压力开关）等组件以及管道、供水设施组成，能在火灾发生时响应并实施喷水的自动灭火系统。依照采用的喷头分为两类：采用闭式洒水喷头的为闭式系统，包括湿式自动喷水灭火系统（图 10-1、图 10-2）、干式系统、预作用系统、简易自动喷水灭火系统等；采用开式洒水喷头的为开式系统，包括雨淋系统、水幕系统等。（视频 1-湿式系统）

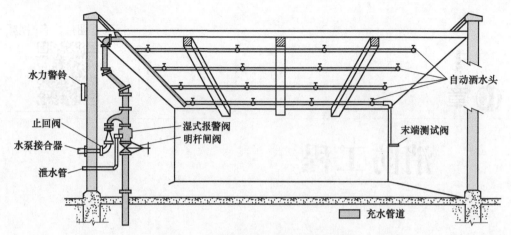

图 10-1　湿式自动喷水灭火系统示意图

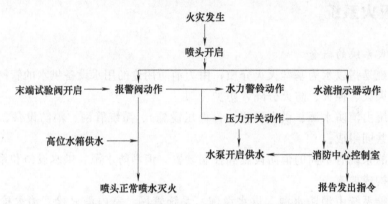

图 10-2　湿式自动喷水灭火系统动作程序图

　　② 水喷雾灭火系统　图 10-3 所示是利用专门设计的水雾喷头,在水雾喷头的工作压力下将水流分解成粒径不超过 1mm 的细小水滴进行灭火或防护冷却的一种固定灭火系统。其主要灭火机理为表面冷却、窒息、乳化和稀释作用,具有较高的电绝缘性能和良好的灭火性能。该系统按启动方式可分为电动启动和传动管启动两种类型;按应用方式可分为固定式水喷雾灭火系统、自动喷水-水喷雾混合配置系统、泡沫-水喷雾联用系统三种类型。

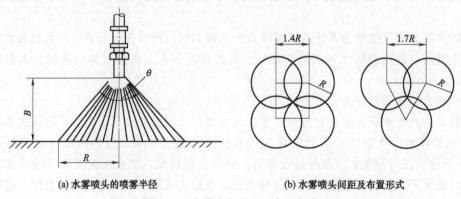

(a) 水雾喷头的喷雾半径　　　　　　(b) 水雾喷头间距及布置形式

图 10-3　水雾喷头的平面布置方式

R—水雾锥底圆半径,m;B—喷头与保护对象间距,mm;θ—喷头雾化角

　　③ 细水雾灭火系统　细水雾灭火系统是由供水装置、过滤装置、控制阀、细水雾喷头

等组件和供水管道组成，能自动和人工启动并喷放细水雾进行灭火或控火的固定灭火系统，如图 10-4～图 10-6 所示。该系统的灭火机理主要是表面冷却、窒息、辐射热阻隔和浸湿以

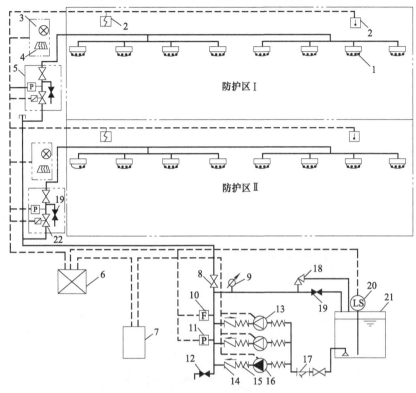

图 10-4　开式细水雾灭火系统示意图

1—开式细水雾喷头；2—火灾探测器；3—喷雾指示灯；4—火灾声光报警器；5—分区控制阀组；6—火灾报警控制器；
7—消防泵控制柜；8—控制阀（常开）；9—压力表；10—水流传感器；11—压力开关；12—泄水阀（常闭）；
13—消防泵；14—止回阀；15—柔性接头；16—稳压泵；17—过滤器；18—安全阀；
19—泄放试验阀；20—液位传感器；21—储水箱；22—分区控制阀（电磁/气动/电动阀）

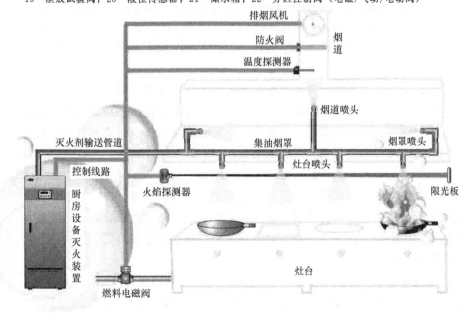

图 10-5　供应厨房设备细水雾灭火系统示意图

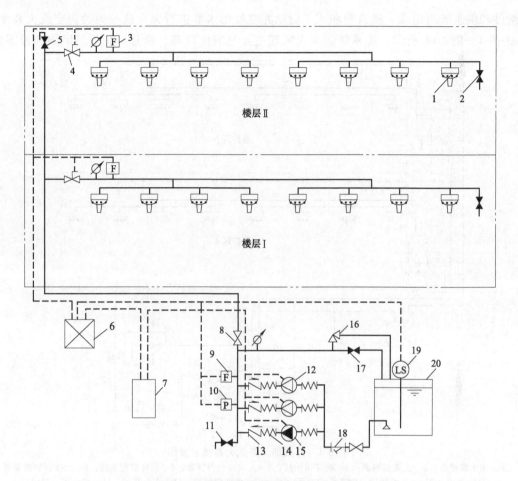

图 10-6 闭式细水雾灭火系统示意图

1—闭式细水雾喷头；2—末端试水阀；3—水流传感器；4—分区控制阀（常开，反馈阀门开启信号）；
5—排气阀（常闭）；6—火灾报警控制器；7—消防泵控制柜；8—控制阀（常开）；9—水流传感器；
10—压力开关；11—泄水阀（常闭）；12—消防泵；13—止回阀；14—柔性接头；15—稳压泵；
16—安全阀；17—泄放试验阀；18—过滤器；19—液位传感器；20—储水箱

及乳化作用，在灭火过程中，几种作用往往同时发生，从而有效灭火。系统按工作压力可分为低压系统、中压系统和高压系统；按应用方式可分为全淹没系统和局部应用系统；按动作方式可分为开式系统和闭式系统；按雾化介质可分为单流体系统和双流体系统；按供水方式可分为泵组式系统、瓶组式系统、瓶组与泵组结合式系统。

（3）水灭火系统工程量计算规则

水喷淋钢管、消火栓钢管，按设计图示管道中心线以长度计算，计量单位：m。

水喷淋（雾）喷头、报警装置、温感式水幕装置、水流指示器、减压孔板、末端试水装置、集热板制作安装、室内消火栓、室外消火栓、消防水泵接合器、灭火器、消防水炮，按设计图示数量计算。

（4）案例解读

【例 10-1】 如图 10-7 所示为一在自动喷水系统的配水干管或配水管道上连接的局部自动喷水-水喷雾混合配置系统，试求水雾喷头的清单工程量。

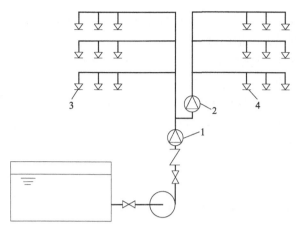

图 10-7 局部自动喷水-水喷雾混合配置系统

1—湿式报警阀组；2—雨淋阀组；3—闭式喷头；4—水雾喷头

【解】 清单工程量：按设计图示数量计算。

由图可知，水雾喷头共 3 排，每排 3 个，故末端试水装置的工程量为：3×3＝9（个）。

【小贴士】 式中：清单工程量皆根据题示及图示所得。

【例 10-2】 一浅型地上式消火栓，如图 10-8 所示。其型号为 SS150 型，其口径为 155mm，消火栓钢管一端连消防主管，一端与水龙带连接，这两者之间的长度即为消火栓钢管的长度。其直径不应小于所配水龙带的直径，流量小于 3L/s 时，用 50mm 直径的消火栓；流量大于 3L/s 时，用 65mm 的双出口消火栓。为便于维护管理，同一建筑场内应采用同一规格的水枪、水龙带和消火栓。试计算消火栓钢管的清单工程量。

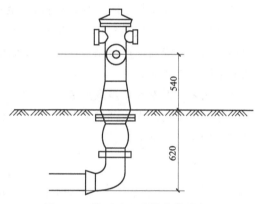

图 10-8 浅型地上式消火栓示意图

【解】 工程量计算规则：按设计图示管道中心线以长度计算。

消火栓钢管的长度为：

$$0.54＋0.62＝1.16 （m）（地上部分和地下部分）$$

铸铁平台的清单工程量＝1（台）。

电动葫芦的清单工程量＝2（台）。

【小贴士】 式中：清单工程量计算数据皆根据题示及图示所得。

（5）注意事项

① 水灭火系统管道工程量计算，不扣除阀门、管件及各种组件所占长度，以延长米计算。

② 水喷淋（雾）喷头安装部位应区分有吊顶、无吊顶。

③ 报警装置适用于湿式报警装置、干湿两用报警装置、电动雨淋报警装置、预作用报警装置等报警装置安装。报警装置安装包括装配管（除水力警铃进水管）的安装，水力警铃进水管并入消防管道工程量。

④ 温感式水幕装置，包括给水三通至喷头、阀门间的管道、管件、阀门、喷头等全部内容的安装。

⑤ 末端试水装置，包括压力表、控制阀等附件安装。末端试水装置安装中不含连接管及排水管安装，其工程量并入消防管道。

⑥ 室内消火栓，包括消火栓箱、消火栓、水枪、水龙头、水龙带接扣、自救卷盘、挂架、消防按钮；落地消火栓、箱包括箱内手提灭火器。

⑦ 室外消火栓，安装方式可分为地上式、地下式。地上式消火栓安装包括地上式消火栓、法兰接管、弯管底座；地下式消火栓安装包括地下式消火栓、法兰接管、弯管底座或消火栓三通。

⑧ 消防水泵接合器，包括法兰接管及弯头安装，以及接合器井内阀门、弯管底座、标牌等附件安装。

⑨ 减压孔板若在法兰盘内安装，其法兰计入组价中。

⑩ 消防水炮分普通手动水炮、智能控制水炮。

10.2 气体灭火系统

(1) 气体灭火系统的概念 (图1-气体灭火系统) (音频2-气体灭火系统的概念)

气体灭火系统是指平时灭火剂以液体、液化气体或气体状态存储于压力容器内，灭火时以气体（包括蒸气、气雾）状态喷射灭火介质的灭火系统。该系统能在防护区空间内形成各方向均一的气体浓度，而且至少能保持该灭火浓度达到规范规定的浸渍时间，实现扑灭该防护区的空间、立体火灾。

(2) 气体灭火系统的组成和分类

气体灭火系统由灭火剂储存装置、启动分配装置、输送释放装置、监控装置等组成，如图10-9～图10-11所示。

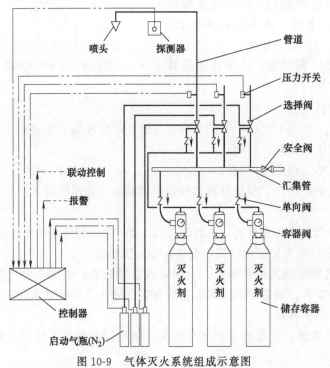

图 10-9　气体灭火系统组成示意图

图 10-10 高压气体喷头

图 10-11 气体灭火系统实物图

气体灭火系统的分类如下。

① 按使用的气体灭火剂分类 可分为二氧化碳灭火系统和卤代烷替代灭火系统两类。

② 按灭火方式分类 可分为全淹没灭火系统和局部应用灭火系统两类。

值得注意的是，局部应用灭火系统只能用于扑灭表面火灾（包括固体表面火灾），不得用于扑灭深位火灾。

③ 按管网的布置分类 可分为组合分配系统、单元独立系统和无管网灭火系统三类。

（3）气体灭火系统工程量计算规则

① 无缝钢管、不锈钢管、气体驱动装置管道，按设计图示管道中心线以长度计算，计量单位：m。

② 不锈钢管管件、选择阀、气体喷头，按设计图示数量计算，计量单位：个。

③ 储存装置、称重检漏装置、无管网气体灭火装置，按设计图示数量计算，计量单位：套。

（4）案例解读

【例 10-3】 如图 10-12 所示，在每个防火区域保护对象的管道上设置一个选择阀，每个选择阀上均应设置标明防护区名称或编号的永久性标志牌，并将其固定在操作手柄附近，以免引起误操作而导致灭火失败。本例中选择阀采用公称直径 65mm，螺纹连接的选择阀。下图采用 160L 储存装置。为了检查储存瓶气体泄漏情况，在每个储瓶上都设置有二氧化碳称重检漏装置。试计算其清单工程量。

【解】 工程量计算规则：按设计图示数量计算。

（1）选择阀清单工程量＝2（个）。

（2）储存瓶清单工程量＝5（个）。

（3）称重检漏装置清单工程量＝2（个）。

【小贴士】 式中：清单工程量计算数据皆根据题示及图示所得。

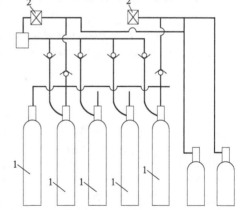

图 10-12 选择阀示意图

1—灭火剂储瓶；2—选择阀

（5）注意事项

① 气体灭火管道工程量计算，不扣除阀门、管件及各种组件所占长度，以延长米计算。

② 气体灭火介质，包括七氟丙烷、IG541、二氧化碳等。

③ 气体驱动装置管道安装，包括卡、套连接件。

④ 储存装置安装，包括灭火剂存储器、驱动气瓶、支框架、集流阀、容器阀、单向阀、高压软管和安全阀等储存装置和阀驱动装置、减压装置、压力指示仪等。

⑤ 无管网气体灭火系统由柜式预制灭火装置、火灾探测器、火灾自动报警灭火控制器等组成，具有自动控制和手动控制两种启动方式。无管网气体灭火装置安装，包括气瓶柜装置（内设气瓶、电磁阀、喷头）和自动报警控制装置（包括控制器，烟感、温感、声光报警器，手动报警器，手/自动控制按钮）等。

10.3　泡沫灭火系统

（1）泡沫灭火系统的概念

泡沫灭火系统由消防泵、泡沫储罐、比例混合器、泡沫产生装置、阀门及管道、电气控制装置组成，如图10-13～图10-15所示。

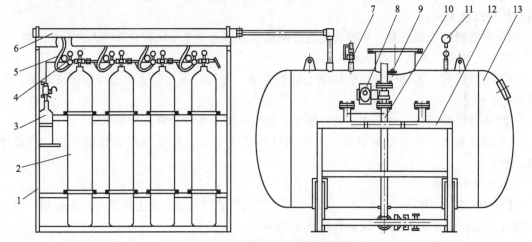

图 10-13　泡沫灭火系统示意图

1—瓶组架；2—动力瓶；3—启动瓶；4—减压阀；5—高压金属软管；6—集流管；7—安全阀；
8—分区阀；9—压力信号器；10—罐体连接管；11—压力表；12—管道架；13—储液罐

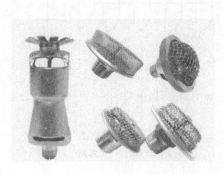

图 10-14　泡沫灭火系统喷头实物图

图 10-15　泡沫灭火系统实物图

（2）泡沫灭火系统的分类和组成

① 泡沫灭火系统的分类　按泡沫液的发泡倍数的不同分为：低倍数泡沫灭火系统（发

泡倍数在 20 倍以下）、中倍数泡沫灭火系统（发泡倍数在 20～200 倍）、高倍数泡沫灭火系统（发泡倍数在 200 倍以上）。这三类系统又根据喷射方式不同分为液上和液下喷射。

　　按设备安装使用方式可分为固定式、半固定式和移动式泡沫灭火系统。

　　按灭火范围不同分为全淹没式和局部应用式。

　　② 泡沫灭火系统的组成　固定式液上喷射泡沫灭火系统如图 10-16 所示，固定式液下喷射泡沫灭火系统如图 10-17 所示，半固定式泡沫灭火装置如图 10-18 所示，自动控制全淹没式灭火系统工作原理图如图 10-19 所示。

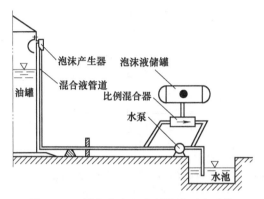

图 10-16　固定式液上喷射泡沫灭火系统

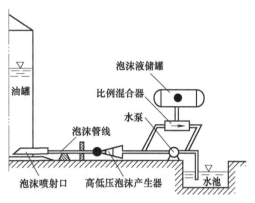

图 10-17　固定式液下喷射泡沫灭火系统

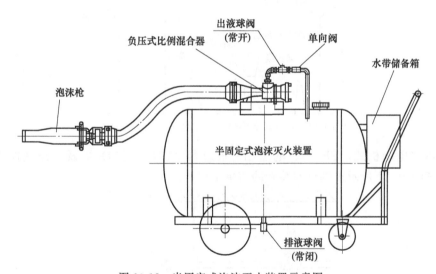

图 10-18　半固定式泡沫灭火装置示意图

注：设备出厂时，储备箱内带有两盘水带和一支泡沫枪，使用时两盘水带分别接在比例
混合器的两端，一盘水带接泡沫枪，另一盘水带接消防水

　　（3）泡沫灭火系统工程量计算规则

　　① 碳钢管、不锈钢管、铜管，按设计图示管道中心线以长度计算，计量单位：m。

　　② 不锈钢管管件、铜管管件，按设计图示数量计算，计量单位：个。

　　③ 泡沫发生器、泡沫比例混合器、泡沫液储罐，按设计图示数量计算，计量单位：台。

　　（4）案例解读

　　【例 10-4】　如图 10-20 所示为一固定式液体喷射泡沫灭火系统（压力式），图 10-21 所示为一末端试水装置示意图，其由试水阀、压力表以及试水接头组成。试计算图 10-20 中的

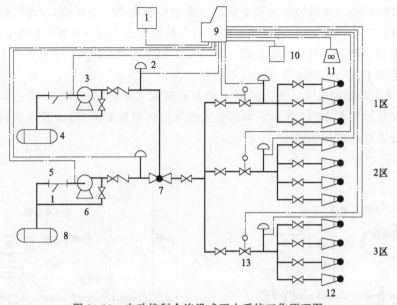

图 10-19　自动控制全淹没式灭火系统工作原理图

1—手动控制器；2—压力开关；3—泡沫液泵；4—泡沫液罐；5—过滤器；6—水泵；7—比例混合器；
8—水罐；9—自动控制箱；10—探测器；11—报警器；12—高倍数泡沫发生器；13—电磁阀

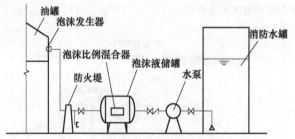

图 10-20　固定式液体喷射泡沫灭火系统（压力式）

泡沫发生器（电动机式，PFS3）、泡沫比例混合器（PHY32/30）以及泡沫液储罐的工程量，并计算图 10-21 所示末端试水装置的清单工程量。

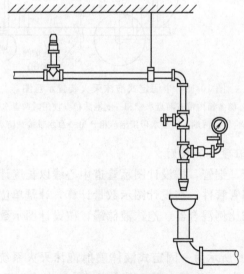

图 10-21　末端试水装置示意图

【解】　清单工程量计算规则：按设计图示数量计算。

由图可知：

泡沫发生器的工程量＝1（台）。

泡沫比例混合器的工程量＝1（台）。

泡沫液储罐的工程量＝1（台）。

末端试水装置的工程量＝1（组）。

【小贴士】　式中：清单工程量计算数据皆根据题示及图示所得。

（5）注意事项

① 泡沫灭火管道工程量计算，不扣除阀门、管件及各种组件所占长度，以延长米计算。

② 泡沫发生器、泡沫比例混合器安装工程量，包括整体安装、焊法兰、单体调试及配合管道试压时隔离本体所消耗的工料。

③ 泡沫液储罐内如需充装泡沫液，应明确描述泡沫灭火剂品种、规格。

【例 10-5】　某泡沫灭火装置构造示意如图 10-22 所示，试计算其中的泡沫发生器（电动机式，PFS3）、泡沫比例混合器（PHY32/30）以及泡沫液储罐的工程量。

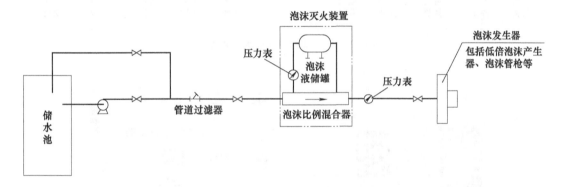

图 10-22　泡沫灭火装置构造示意图

【解】　清单工程量计算规则：按设计图示数量计算。

由图可知：

泡沫发生器的工程量＝1（台）。

泡沫比例混合器的工程量＝1（台）。

泡沫液储罐的工程量＝1（台）。

【小贴士】　式中：清单工程量计算数据皆根据题示及图示所得。

10.4　火灾自动报警系统

火灾自动报警系统由火灾探测触发装置、火灾报警装置、火灾警报装置以及具有其他辅助功能的装置组成，能在火灾初期，将燃烧产生的烟雾、热量、火焰等物理信号，通过火灾探测器变成电信号传输到火灾报警控制器，并同时显示出火灾发生的部位、时间等，使人们能够及时发现火灾，并及时采取有效措施。火灾自动报警系统的组成如图 10-23、图 10-24 所示。

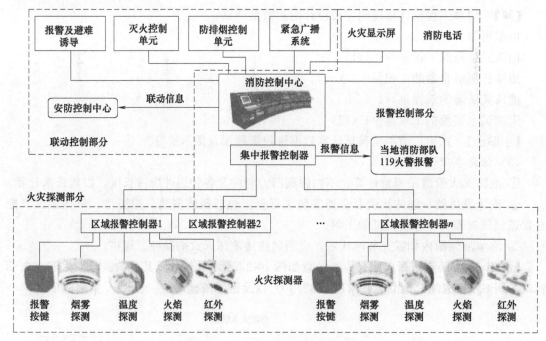

图 10-23 火灾自动报警系统的组成

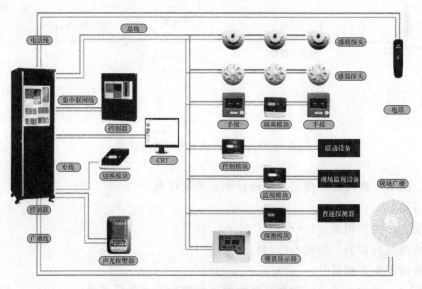

图 10-24 火灾自动报警系统示意图

10.4.1 探测器

10.4.1.1 探测器的概念 （音频 3-探测器的概念）

火灾探测器是能感知火灾发生时物质燃烧过程中所产生的各种理化现象，并据此判别火灾而发出警报信号的器件。严格意义上的火灾探测器是具有人工智能的，因为判别正常的燃烧与火灾是相对于人的控制能力而言的。在人的控制范围内的燃烧是有用的火，超出人的控制范围的燃烧才是火灾。目前的火灾探测器实际上是"燃烧探测器"，是通过检测燃烧过程中所产生的种种物理或化学现象来探测火灾的。

10.4.1.2 探测器的组成和分类

火灾探测器由敏感元件、电路、固定部件和外壳等组成，如图10-25所示。

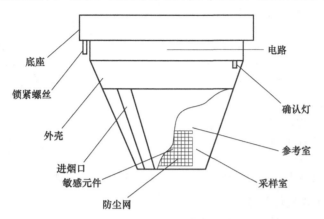

底座
锁紧螺丝
外壳
进烟口
敏感元件
防尘网
电路
确认灯
参考室
采样室

图10-25 火灾探测器的构造图

火灾探测器的种类很多，分类方法也各有不同，常用的分类方法有探测区域分类法和探测火灾参数分类法等。

(1) 探测区域分类法

按照火灾探测器的探测范围，可以分为点型火灾探测器和线型火灾探测器两类。

① 点型火灾探测器 是指响应一个小型传感器附近监视现象的探测器，大多数火灾探测器都属于点型火灾探测器。

② 线型火灾探测器 是指响应某一连续路线附近监视现象的探测器，如图10-26、图10-27所示。

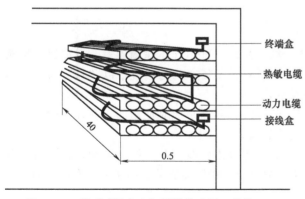
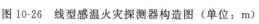

终端盒
热敏电缆
动力电缆
接线盒

图10-26 线型感温火灾探测器构造图（单位：m）

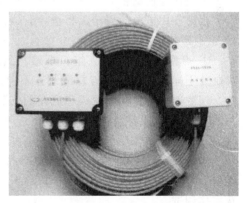

图10-27 可恢复式缆式线型差定温火灾探测器

(2) 探测火灾参数分类法 （图2-感烟式火灾探测器）

按照探测火灾参数的不同，火灾探测器可以划分为如下几种：

① 点型光电感烟式火灾探测器（离子感烟、光电感烟），如图10-28、图10-29所示；②感温式火灾探测器（定温式、差温式）；③感光式火灾探测器（红外线、紫外线）；④可燃气体火灾探测器；⑤复合式火灾探测器；⑥其他火灾探测器。

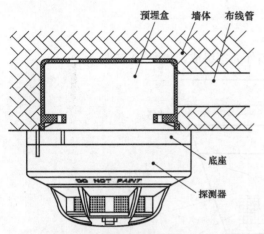

图 10-28　点型光电感烟火灾探测器构造图

图 10-29　点型光电感烟火灾探测器实物图

10.4.1.3　探测器工程量计算规则

① 线型探测器，按设计图示长度计算，计量单位：m。

② 点型探测器，按设计图示数量计算，计量单位：个。

10.4.1.4　案例解读

【例 10-6】　某写字楼一层大厅装有多线制火灾自动报警系统，该系统有 6 只感烟探测器，2 只手动警铃，并接于同一回路，128 点多线制移动控制器（落地式）报警备用电源 1 台，试计算其清单工程量。

【解】　工程量计算规则：按设计图示数量计算。

点型探测器的清单工程量=5（个）；

按钮的清单工程量=5（个）；

消防警铃的清单工程量=2（个）；

区域报警控制箱的清单工程量=3（台）；

报警备用电源的清单工程量=3（台）。

10.4.1.5　注意事项

① 点型探测器包括火焰、烟感、温感、红外光束、可燃气体探测器等。点型探测器按线制的不同分为多线制与总线制，不分规格、型号、安装方式与位置，以"只"为计量单位。探测器安装包括了探头和底座的安装及本体调试。

② 红外线探测器以"只"为计量单位。红外线探测器是成对使用的，在计算时一对为两只。估价表中包括了探头支架安装和探测器的调试、对中。

③ 火焰探测器、可燃气体探测器按线制的不同分为多线制与总线制两种，计算时不分规格、型号，安装方式与位置，以"只"为计量单位。探测器安装包括了探头和底座的安装及本体调试。

④ 线型探测器的安装方式按环绕、正弦及直线综合考虑，不分线制及保护形式，以"m"为计量单位。估价表未包括探测器连接的一只模块和终端，其工程量应按相应项目另行计算。

10.4.2　报警器

10.4.2.1　报警器的概念　　（视频 2-报警设备）

火灾报警器是一款生活实用电器，它通过热敏传感器检测是否发生灾情，火灾发生时能够快速给人提醒警告，让火灾的状况能及早得到处理，避免人员伤亡以及减少财产损失。火灾声光报警器如图 10-30 所示。手动火灾报警按钮如图 10-31 所示。

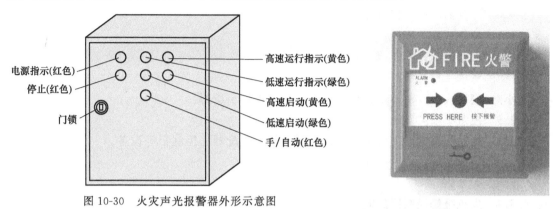

图 10-30　火灾声光报警器外形示意图

图 10-31　手动火灾报警按钮

10.4.2.2　报警器的分类

报警器有一体化离子感烟报警器、通用型火灾报警器、区域型火灾报警器以及集中火灾报警器等。手动火灾报警按钮可以起到确认火情或者人工发出火警信号的特殊作用。报警区域内每个防火分区，应至少设置一只手动火灾报警按钮。手动火灾报警按钮宜安装在建筑物内的安全出口、安全楼梯口等便于接近和操作的部位。有消火栓的应尽量设置在靠近消火栓的位置。

手动火灾报警按钮分为打破玻璃式按钮和直接按压式按钮，有的火警电话插孔也设置在报警按钮上。

10.4.2.3　报警器工程量计算规则

① 按钮、消防警铃、声光报警器、消防报警电话插孔、消防广播（扬声器），按设计图示数量计算，计量单位：个。

② 消防报警电话，按设计图示数量计算，计量单位：部。

10.4.2.4　案例解读

【例 10-7】　某建筑物的二层大厅装有总线制火灾自动报警系统，如图 10-32 所示，该系统设有 8 只感烟探测器，报警按钮 3 只，警铃 2 只，并接于同一回路之上，壁挂式报警控制器一台，报警备用电源 1 台，试求其清单工程量。

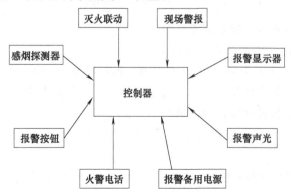

图 10-32　总线制火灾自动报警系统原理框图

【解】 工程量计算规则：按设计图示数量计算。

根据题干和图可知：

感烟探测器的清单工程量＝8（个）；

报警按钮的清单工程量＝3（个）；

壁挂式报警控制器的清单工程量＝1（台）；

警铃的清单工程量＝2（个）。

【小贴士】 式中：清单工程量计算数据皆根据题示所得。

10.4.2.5 注意事项

消防广播及对讲电话主机包括功放、录音机、分配器、控制柜等设备。

10.4.3 火灾报警控制器

10.4.3.1 火灾报警控制器的概念

火灾报警控制器是火灾自动报警系统的重要组成部分。在火灾自动报警系统中，火灾探测器是系统的"感觉器官"，随时监测建筑内的各种情况；火灾报警控制器则是系统的"大脑"和"指挥中心"，是系统的核心。

10.4.3.2 施工图识图

火灾报警控制器（联动型）连线图如图 10-33 所示，火灾报警控制器（联动型）实物图如图 10-34 所示。

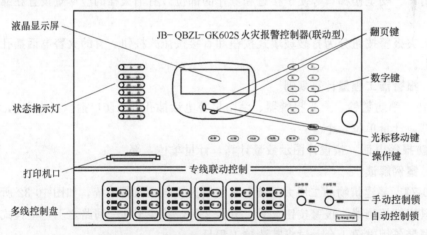

图 10-33　火灾报警控制器（联动型）连线图

10.4.3.3 火灾报警控制器工程量计算规则

① 模块，按设计图示数量计算，计算单位：个。

② 模块箱、区域报警控制箱、联动控制箱、远程控制箱（柜）、火灾报警系统控制主机、联动控制主机、消防广播及对讲电话主机（柜）、火灾报警控制微机（CRT）、报警联动一体机，按设计图示数量计算，计算单位：台。

③ 备用电源及电池主机（柜），按设计图示数量计算，计算单位：套。

10.4.3.4 注意事项

① 可以为火灾报警控制器供电，也可为其连接的其他部件供电，探测器需要由报警控制器集中供电。

② 火灾报警控制器直接或间接地接收来自火灾探测器及其他火灾报警触发器件的火灾报警信号，转换成声、光报警信号，指示着火部位和记录报警信息。

③ 火灾报警控制器可通过火警发送装置启动火灾报警信号或通过自动消防灭火控制装置启动自动灭火设备和消防联动控制设备。

④ 自动监视系统的正确运行和对特定故障给出声光报警（自检）。

⑤ 火灾报警控制器具有显示或记录火灾报警时间的计时装置，其日计时误差不超过 30s。

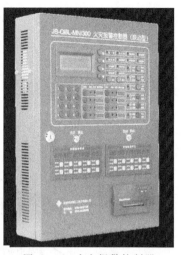

图 10-34　火灾报警控制器
（联动型）实物图

10.4.4　消防系统调试

10.4.4.1　消防系统调试的概念

消防系统调试是指一个单位工程的消防全系统安装完毕且连通，为检验其达到验收规范标准所进行的全系统的检测、调整和试验。

10.4.4.2　不同类型消防系统的调试

（1）自动报警系统

消防控制中心联动报警主机，主备电源自动切换正常，主机各项功能符合设计及消防施工验收规范要求。

（2）消防广播通信系统

在模拟报警试验时，主机收到报警信号，通过值班人员手动关闭背景音乐，开启消防广播，通知报警层及上下相邻层人员进行疏散。自动状态时，自动切换至消防广播状态，音量要求洪亮、音质清晰，符合设计要求。

（3）自动喷洒系统

当湿式报警系统末端放水后有水流通过，水流指示器动作，消防中控室接收后反馈信号，同时启动压力开关，联动喷洒泵。

（4）消火栓系统

按下任意一个消火栓按钮，经过消防中控室联动控制主机将自动启动消防泵。水泵启动后，消火栓按钮接收启泵信号，点亮水泵运行指示灯，消防中控室同时收到反馈信号。消火栓系统简图如图 10-35 所示，消防系统现场调试图如图 10-36 所示。

10.4.4.3　消防系统调试工程量计算规则

① 自动报警系统调试，按系统计算，计量单位：系统。

② 水灭火控制装置调试，按控制装置的点数计算，计量单位：点。

③ 防火控制装置调试，按设计图示数量计算，计量单位：个（部）。

④ 气体灭火系统装置调试，按调试、检验和验收所消耗的试验容器总数计算，计量单位：点。

10.4.4.4　注意事项

① 自动报警系统，包括各种探测器、报警器、报警按钮、报警控制器、消防广播、消防电话等组成的报警系统，按不同点数以系统计算。

② 水灭火控制装置、自动喷洒系统按水流指示器数量以点（支路）计算；消火栓系统

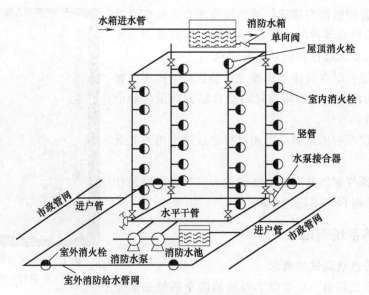

图 10-35　消火栓系统简图

图 10-36　消防系统现场调试图

按消火栓启泵按钮数量以"点"计算；消防水炮系统按水炮数量以"点"计算。

　　③ 防火控制装置，包括电动防火门、防火卷帘门、正压送风阀、排烟阀、防火控制阀、消防电梯等防火控制装置。电动防火门、防火卷帘门、正压送风阀、排烟阀、防火控制阀等调试以"个"计算，消防电梯以"部"计算。

　　④ 气体灭火系统，是由七氟丙烷、IG541、二氧化碳等组成的灭火系统，按气体灭火系统装置的瓶头阀以"点"计算。

第 ⑪ 章 ▶▶▶

给排水、采暖、燃气工程

11.1 给排水、采暖、燃气管道

（1）给排水的概念 （音频1-给排水、采暖、燃气的概念）

给排水一般指的是城市用水供给系统、排水系统（市政给排水和建筑给排水），简称给排水。

（2）采暖的概念

通过对建筑物及防寒取暖装置的设计，使建筑物内获得适当的温度。

（3）燃气的概念

燃气是气体燃料的总称，它能燃烧而放出热量，供城市居民和工业企业使用。

（4）施工图识图 （图1-给排水管道）

给排水管道构造示意图如图11-1所示，给排水管道现场施工实物图如图11-2所示。

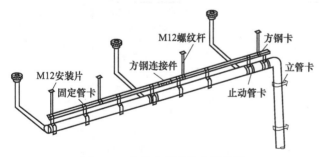

图11-1　给排水管道构造示意图

图11-2　给排水管道现场施工实物图

给排水支管连接示意图如图11-3所示。

采暖管道构造示意图如图11-4所示，采暖管道现场施工实物图如图11-5所示。

燃气管道示意图如图11-6所示。

燃气管道构造示意图如图11-7所示，燃气管现场施工实物图如图11-8所示。

（5）给排水、采暖、燃气管道工程量计算规则

按设计图示管道中心线以长度计算。

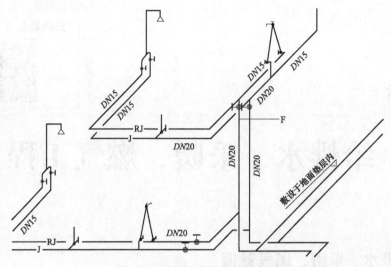

图 11-3 给排水支管连接示意图

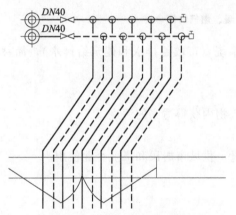

图 11-4 采暖管道构造示意图

图 11-5 采暖管道现场施工实物图

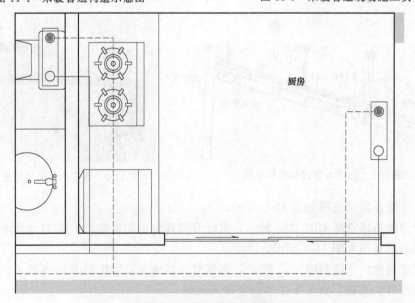

图 11-6 燃气管道示意图

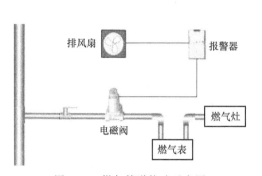

图 11-7 燃气管道构造示意图

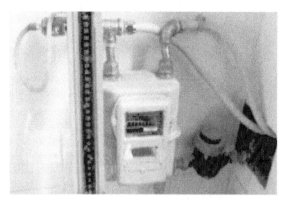

图 11-8 燃气管道现场施工实物图

11.1.1 镀锌钢管

11.1.1.1 镀锌钢管的概念

热镀锌管是使熔融金属与铁基体反应而产生合金层，从而使基体和镀层两者相结合。

11.1.1.2 施工图识图

某卫生间镀锌钢管铺设平面示意图如图 11-9 所示，镀锌钢管现场施工实物图如图 11-10 所示。

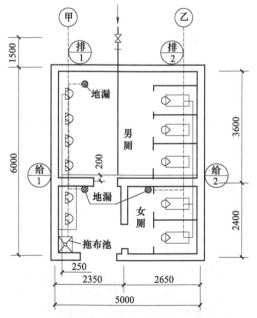

图 11-9 某卫生间镀锌钢管铺设平面示意图

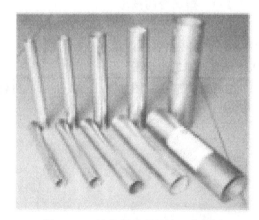

图 11-10 镀锌钢管现场施工实物图

11.1.1.3 镀锌钢管工程量计算规则

按设计图示管道中心线以长度计算。

11.1.1.4 案例解读

【例 11-1】 如图 11-11 所示为一段管路，采用镀锌钢管给水，试进行清单计算。

【解】 清单工程量：

镀锌钢管 $DZ15$：$0.9+1.5=2.4$（m）。

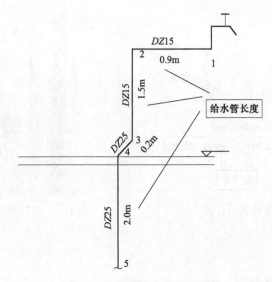

图 11-11 某镀锌钢管给水管路

镀锌钢管 $DZ25$: $0.2+2.0=2.2$（m）。

【小贴士】 式中: 0.9m＋1.5m 为镀锌钢管 $DZ15$ 从节点 1 到节点 2 到节点 3; 0.2m＋2.0m 为镀锌钢管 $DZ25$ 从节点 3 到节点 4 到节点 5。

11.1.1.5 注意事项

钢管、不锈钢管、铜管、铸铁管计算规则和镀锌钢管相同。

11.1.2 塑料管

11.1.2.1 塑料管的概念

塑料管一般是以合成树脂，也就是聚酯为原料，加入稳定剂、润滑剂、增塑剂等，以"塑"的方法在制管机内经挤压加工而成。

11.1.2.2 施工图识图

塑料管构造示意图如图 11-12 所示，塑料管现场施工实物图如图 11-13 所示。

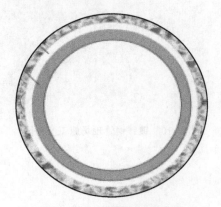

图 11-12 塑料管构造示意图

图 11-13 塑料管现场施工实物图

11.1.2.3 塑料管工程量计算规则

按设计图示管道中心线以长度计算。

11.1.3 复合管

11.1.3.1 复合管的概念 （音频 2-复合管的概念）

复合管是由两层（含两层）及以上管材经一些加工工艺复合而成的多层结构的一种管材，例如外管为铝合金管、内管为热性塑料管，经预应力复合而成的两层结构的管材。

11.1.3.2 施工图识图

复合管构造图如图 11-14 所示，复合管现场施工实物图如图 11-15 所示。

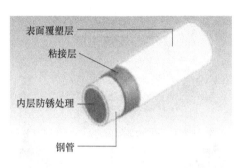

图 11-14　复合管构造示意图

图 11-15　复合管现场施工实物图

11.1.3.3 复合管工程量计算规则

按设计图示管道中心线以长度计算。

11.1.4 直埋式预制保温管

11.1.4.1 直埋式预制保温管的概念

预制直埋保温管是由输送介质的钢管（工作管）、聚氨酯硬质泡沫塑料（保温层）、高密度聚乙烯外套管（保护层）紧密结合而成。

11.1.4.2 施工图识图

直埋式预制保温管结构图如图 11-16 所示，直埋式预制保温管现场施工实物图如图 11-17所示。

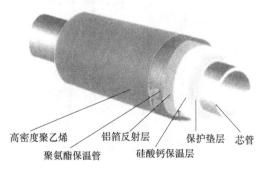

图 11-16　直埋式预制保温管结构图

图 11-17　直埋式预制保温管现场施工实物图

11.1.4.3 直埋式预制保温管工程量计算规则

按设计图示管道中心线以长度计算。

11.1.4.4 注意事项

承插陶瓷缸瓦管计算规则同直埋式预制保温管。

11.1.5 承插水泥管

11.1.5.1 承插水泥管的概念

水泥管是用水泥和钢筋为材料，运用电线杆离心力的原理制造的一种预置管道。

11.1.5.2 施工图识图

承插水泥管构造示意图如图 11-18 所示，承插水泥管现场施工实物图如图 11-19 所示。

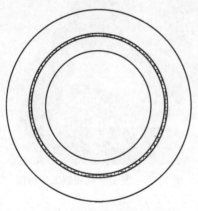

图 11-18 承插水泥管构造示意图

图 11-19 承插水泥管现场施工实物图

11.1.5.3 承插水泥管工程量计算规则

按设计图示管道中心线以长度计算。

11.1.6 管道支架

11.1.6.1 管道支架的概念

管道支架是指用于地上架空敷设管道支承的一种结构件。

11.1.6.2 施工图识图

管道支架构造示意图如图 11-20 所示，管道支架施工现场实物图如图 11-21 所示。

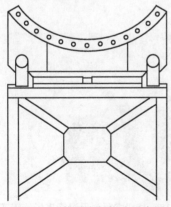

图 11-20 管道支架构造示意图

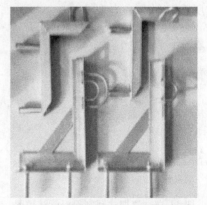

图 11-21 管道支架施工现场实物图

11.1.6.3　管道支架工程量计算规则

① 以 "kg" 计量，按设计图示质量计算。

② 以 "套" 计量，按设计图示数量计算。

11.1.7　套管

11.1.7.1　套管的概念

套管指套在另一部件上的管子。

11.1.7.2　施工图识图

穿墙管道防水防护构造示意图如图 11-22 所示，套管施工现场实物图如图 11-23 所示。

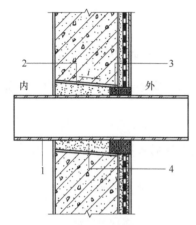

图 11-22　穿墙管道防水防护构造示意图

1—穿墙管道；2—套管；3—密封材料；4—聚合物砂浆

图 11-23　套管施工现场实物图

11.1.7.3　套管工程量计算规则

按设计图示数量计算。

11.1.7.4　注意事项

① 安装部位，指管道安装在室内、室外。

② 输送介质包括给水、排水、中水、雨水、热媒体、燃气、空调水等。

③ 方形补偿器制作安装应含在管道安装综合单价中。

④ 铸铁管安装适用于承插铸铁管、球墨铸铁管、柔性抗震铸铁管等。

⑤ 塑料管安装适用于 UPVC（硬聚氯乙烯）、PVC（聚氯乙烯）、PPC（聚碳酸亚丙酯）、PPR（无规共聚聚丙烯）、PE（聚乙烯）、PB（聚丁烯）管等塑料管材。

⑥ 复合管安装适用于钢塑复合管、铝塑复合管、钢骨架复合管等复合型管道安装。

⑦ 直埋保温管安装包括直埋保温管件安装及接口保温。

⑧ 排水管道安装包括立管检查口、透气帽安装。

⑨ 室外管道碰头：

a. 适用于新建或扩建工程热源、水源、气源管道与原（旧）有管道碰头；

b. 室外管道碰头包括挖工作坑、土方回填或暖气沟局部拆除及修复；

c. 带介质管道碰头包括开关闸、临时放水管线铺设等；

d. 热源管道碰头每处包括供、回水两个接口；

e. 碰头形式指带介质碰头、不带介质碰头。

⑩ 管道工程量计算不扣除阀门、管件（包括减压器、疏水器、水表、伸缩器等组成构件安装）及附属构筑物所占长度；方形补偿器以其所占长度列入管道安装工程量。

⑪ 压力试验按设计要求描述试验方法，如水压试验、气压试验、泄漏性试验、闭水试验、通球试验、真空试验等。

⑫ 吹扫、冲洗按设计要求描述吹扫、冲洗方法，如水冲洗、消毒冲洗、空气吹扫等。

11.2 管道附件

11.2.1 螺纹阀门

11.2.1.1 螺纹阀门的概念 （图 2-管道附件） （视频 1-螺纹阀门）

螺纹阀门是一种阀门配件，主要指阀门阀体上带有内螺纹或外螺纹，用以与管道螺纹连接。

11.2.1.2 施工图识图

螺纹阀门构造示意图如图 11-24 所示，螺纹阀门施工现场实物图如图 11-25 所示。

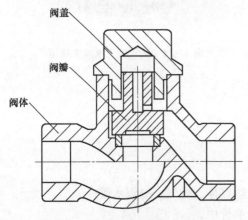

图 11-24 螺纹阀门构造示意图

图 11-25 螺纹阀门施工现场实物图

11.2.1.3 螺纹阀门工程量计算规则

按设计图示数量计算。

11.2.2 螺纹法兰阀门

11.2.2.1 螺纹法兰阀门的概念 （视频 2-螺纹法兰阀门）

螺纹法兰阀门分为内螺纹阀门和外螺纹阀门，主要指阀门阀体上带有内螺纹或外螺纹，用以与管道螺纹连接。 （音频 3-螺纹法兰阀门）

11.2.2.2　施工图识图

螺纹法兰阀门构造示意图如图 11-26 所示，螺纹法兰阀门施工现场实物图如图 11-27 所示。

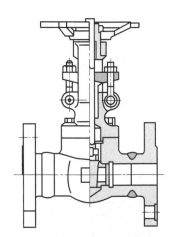

图 11-26　螺纹法兰阀门构造示意图

图 11-27　螺纹法兰阀门施工现场实物图

11.2.2.3　螺纹法兰阀门工程量计算规则

按设计图示数量计算。

11.2.3　减压器

11.2.3.1　减压器的概念　（音频 4-减压器的概念）

减压器是指把储存在氧气瓶内的高压氧气体，减压为气焊工作需要的低压氧的装置。总的来说，减压器是将高压气体降为低压气体、并保持输出气体的压力和流量稳定不变的调节装置。

11.2.3.2　施工图识图

减压器构造示意图如图 11-28 所示。

减压器施工现场实物图如图 11-29 所示。

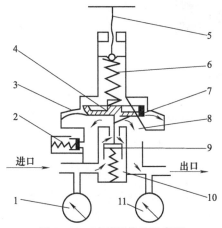

图 11-28　减压器构造示意图

1—高压表；2—安全阀；3—薄膜；4—弹簧垫块；
5—调节螺杆；6—调节弹簧；7—顶杆；8—低压室；
9—活门；10—活门弹簧；11—低压表

图 11-29　减压器施工现场实物图

11.2.3.3 减压器工程量计算规则

按设计图示数量计算。

11.2.4 疏水器

11.2.4.1 疏水器的概念

疏水器被称为疏水阀，也叫自动排水器或凝结水排放器，分为蒸汽系统使用和气体系统使用。疏水器装在用蒸汽加热的管路终端，其作用是把蒸汽加热的管道中的冷凝水不断排放到管道外。大多疏水器可以自动识别汽、水（不包括热静力式），从而达到自动阻汽排水的目的。

11.2.4.2 施工图识图

疏水器构造示意图如图 11-30 所示。

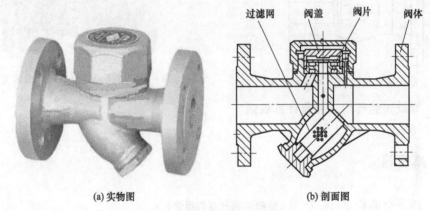

（a）实物图　　　　　　　　　　（b）剖面图

图 11-30　疏水器构造示意图

疏水器现场施工实物图如图 11-31 所示。

图 11-31　疏水器现场施工实物图

11.2.4.3 疏水器工程量计算规则

按设计图示数量计算。

11.2.5 倒流防止器

11.2.5.1 倒流防止器的概念 （视频 3-倒流防止器）

倒流防止器是一种采用止回部件组成的可防止给水管道水流倒流的装置。

11.2.5.2　施工图识图

倒流防止器构造示意图如图 11-32 所示。

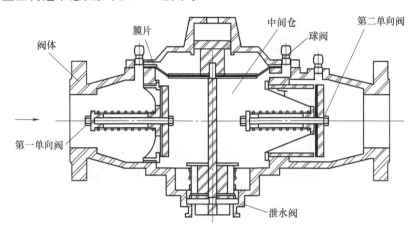

图 11-32　倒流防止器构造示意图

倒流防止器现场施工实物图如图 11-33 所示。

图 11-33　倒流防止器现场施工实物图

11.2.5.3　倒流防止器工程量计算规则

按设计图示数量计算。

11.2.6　塑料排水管消声器

11.2.6.1　塑料排水管消声器的概念

排水管道消声器的组成包括透气帽、粗直管、检查口或管箍，其特征是有细直管的一端插装并延伸至粗直管内腔，其两端由异径管固定。排水时，由于管径的变化，使管道中的气体经历了压缩—舒张—压缩的过程，从而控制了流体的运动，以达到减小排水噪声的目的。

11.2.6.2　施工图识图

塑料排水管消声器现场施工实物图如图 11-34 所示。

11.2.6.3　塑料排水管消声器工程量计算规则

按设计图示数量计算。

图 11-34　塑料排水管消声器现场施工实物图

11.2.7　浮标液面计

11.2.7.1　浮标液面计的概念

　　浮标液面计是利用池子感受浮力而产生位移，通过扭力管元件传出电信号的液位测量元件，用于控制非侵蚀性液体的液面，当液面超过或低于规定的液位时，通过信号装置发出信号进行预警。

11.2.7.2　施工图识图

　　浮标液面计构造示意图如图 11-35 所示。

　　浮标液面计现场施工实物图如图 11-36 所示。

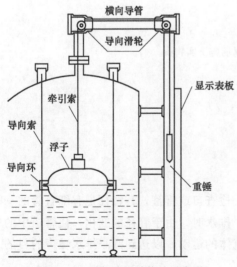

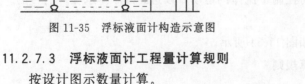

图 11-35　浮标液面计构造示意图

图 11-36　浮标液面计现场施工实物图

11.2.7.3　浮标液面计工程量计算规则

　　按设计图示数量计算。

11.2.7.4　注意事项

①法兰阀门安装包括法兰连接，不得另计。阀门安装如仅为一侧法兰连接时，应在项目特征中描述。

②塑料阀门连接形式需注明热熔连接、粘接、热风焊接等方式。

③减压器规格按高压侧管道规格描述。

④减压器、疏水器、倒流防止器等项目包括组成与安装工作内容，项目特征应根据设计要求描述附件配置情况，或根据相应图集或施工图做法描述。

11.3　卫生器具

11.3.1　化验盆

11.3.1.1　化验盆的概念

化验盆多在医院使用，是用于化验的盆具。

11.3.1.2　现场施工图

化验盆现场施工实物示意图如图 11-37 所示。

11.3.1.3　化验盆工程量计算规则

按设计图示数量计算。

11.3.2　隔油器

11.3.2.1　隔油器的概念

所谓隔油器，就是将餐饮含油废水中的杂质、油、水分离的一种专用设备。

11.3.2.2　施工图识图

隔油器构造示意图如图 11-38 所示，隔油器现场施工实物图如图 11-39 所示。

图 11-37　化验盆现场施工
实物示意图

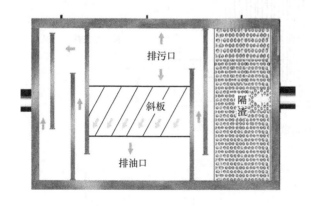

图 11-38　隔油器构造示意图

图 11-39　隔油器现场施工实物图

11.3.2.3　隔油器工程量计算规则

按设计图示数量计算。

11.3.2.4 注意事项

① 成品卫生器具项目中的附件安装，主要指给水附件（水嘴、阀门、喷头等），排水配件（存水弯、排水栓、下水口等）以及配备的连接管安装。

② 浴缸支座和浴缸周边的砌砖、瓷砖粘贴，应按现行国家标准《房屋建筑与装饰工程工程量计算规范》(GB 50854—2013) 相关项目编码列项；功能性浴缸不含电机接线和调试，应按此规范附录 D 电气设备安装工程相关项目编码列项。

③ 器具安装中若采用混凝土或砖基础，应按现行国家标准《房屋建筑与装饰工程工程量计算规范》(GB 50854—2013) 相关项目编码列项。

④ 给、排水附（配）件是指独立安装的水嘴、地漏、地面扫出口等。

11.4 供暖器具

11.4.1 铸铁散热器

11.4.1.1 铸铁散热器的概念 （音频 5-铸铁散热器）

铸铁散热器材质为灰铸铁。按结构分为柱型、翼型、柱翼型和板翼型。按内表面加工工艺可分为普通片（采用一般铸造工艺加工的单片散热器）和无砂片（采用内腔不粘砂工艺加工的单片散热器）。

11.4.1.2 施工图识图

铸铁散热器构造示意图如图 11-40 所示。

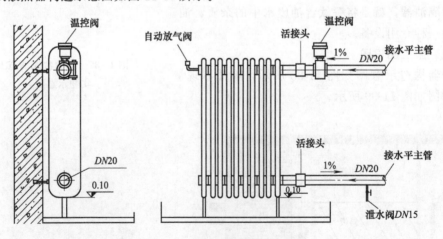

图 11-40　铸铁散热器构造示意图

铸铁散热器现场施工实物图如图 11-41 所示。

11.4.1.3 铸铁散热器工程量计算规则

按设计图示数量计算。

11.4.1.4 案例解读

【例 11-2】　如图 11-42 所示，采用铸铁散热器 M132 型，试计算散热器的工程量。

【解】　由图可知散热器片数为：11＋12＋12＋10＝45（片）。

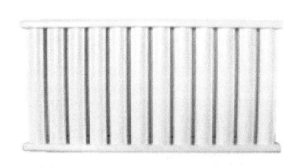

图 11-41　铸铁散热器现场施工实物图

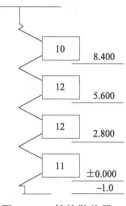

图 11-42　铸铁散热器
示意图

散热器的工程量 $= \dfrac{45}{1} = 45$（片）

【小贴士】　式中：11＋12＋12＋10 为图 11-42 所示散热器片数（片）；1 为计量单位。

11.4.2　光排管散热器

11.4.2.1　光排管散热器的概念
光排管散热器是由焊接钢管焊制而成的，依据不同管径区分规格。

11.4.2.2　施工图识图
光排管散热器构造示意图如图 11-43 所示，光排管散热器施工现场实物图如图 11-44 所示。

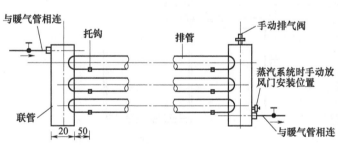

图 11-43　光排管散热器构造示意图

图 11-44　光排管散热器施工现场实物图

11.4.2.3　光排管散热器工程量计算规则
按设计图示排管长度计算。

11.4.3　地板辐射采暖

11.4.3.1　地板辐射采暖的概念
地板辐射采暖是以温度不高于 60℃ 的热水作为热源，水在埋置于地板下的盘管系统内循环流动，加热整个地板，通过地面均匀地向室内辐射散热的一种供暖方式。

11.4.3.2　施工图识图
地板辐射构造示意图如图 11-45 所示。

地板辐射构造现场施工实物图如图 11-46 所示。

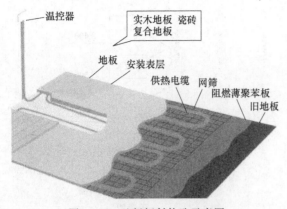

图 11-45　地板辐射构造示意图

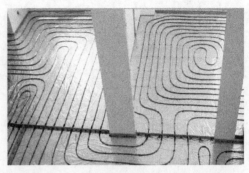

图 11-46　地板辐射构造现场施工实物图

11.4.3.3　地板辐射采暖工程量计算规则

① 以"m²"计量,按设计图示采暖房间净面积计算;

② 以"m"计量,按设计图示管道长度计算。

11.4.4　集气罐

11.4.4.1　集气罐的概念

集气罐是一种在热力供暖管道的最高点的装置,与排气阀相连,起到汇气稳定的效果。

11.4.4.2　施工图识图

集气罐构造示意图如图 11-47 所示。

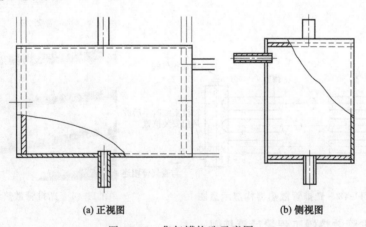

(a) 正视图　　　　　　　　　　　　　　(b) 侧视图

图 11-47　集气罐构造示意图

集气罐现场施工实物图如图 11-48 所示。

11.4.4.3　集气罐工程量计算规则

按设计图示数量计算。

11.4.4.4　注意事项

① 铸铁散热器,包括拉条制作安装。

② 钢制散热器结构形式,包括钢制闭式、板式、壁板式、扁管式及柱式散热器等,应分别列项计算。

图 11-48　集气罐现场施工实物图

③ 光排管散热器，包括联管制作安装。

④ 地板辐射采暖，包括与分、集水器连接和配合地面浇筑施工。

11.5　采暖、给排水设备

11.5.1　稳压给水设备

11.5.1.1　稳压给水设备的概念　　（图 3-稳压给水设备）　　（音频 6-稳压给水设备的概念）

稳压给水设备可根据设定压力，随着供水管网系统中瞬时变化的流量和压力，自动调节水泵的开启转速和台数，保证管网压力的恒定和所需的流量，达到恒压高效节能和提高供水品质的目的。

11.5.1.2　施工图识图

稳压给水设备构造示意图如图 11-49 所示。稳压给水设备现场施工实物图如图 11-50 所示。

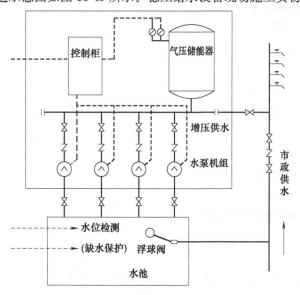

图 11-49　稳压给水设备构造示意图

图 11-50 稳压给水设备现场施工实物图

11.5.1.3 稳压给水设备工程量计算规则
按设计图示数量计算。

11.5.2 除砂器

11.5.2.1 除砂器的概念 （视频 4-除砂器）

除砂器是从气、水或废水水流中分离出杂粒的装置。

11.5.2.2 施工图识图
除砂器构造示意图如图 11-51 所示，除砂器现场施工实物图如图 11-52 所示。

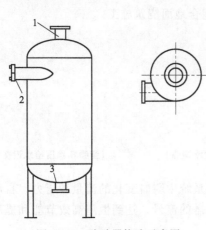

图 11-51 除砂器构造示意图
1—出水口；2—进水口；3—除污口

图 11-52 除砂器现场施工实物图

11.5.2.3 除砂器工程量计算规则
按设计图示数量计算。

11.5.3 直饮水设备

11.5.3.1 直饮水设备的概念
直饮水设备是水家电的一种，通过多级净化，能够使家庭中的自来水达到直饮的效果。

11.5.3.2 施工图识图
某校园直饮水构造图如图 11-53 所示。
某校园直饮水系统示意图如图 11-54 所示。

11.5.3.3 直饮水设备工程量计算规则
按设计图示数量计算。

11.5.3.4 注意事项
① 变频给水设备、稳压给水设备、无负压给水设备安装的说明：
a. 压力容器包括气压罐、稳压罐、无负压罐；

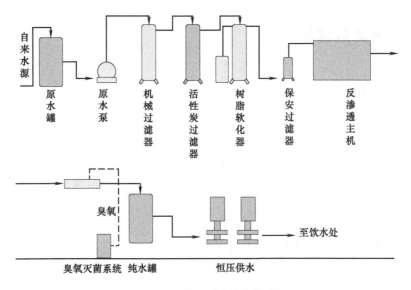

图 11-53　某校园直饮水构造图

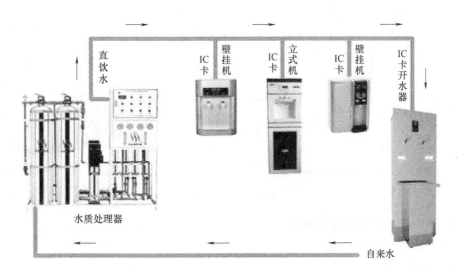

图 11-54　某校园直饮水系统示意图

　　b. 水泵包括主泵及备用泵，应注明数量；

　　c. 附件包括给水装置中配备的阀门、仪表、软接头，应注明数量，含设备、附件之间管路连接；

　　d. 泵组底座安装，不包括基础砌（浇）筑，应按现行国家标准《房屋建筑与装饰工程工程量计算规范》(GB 50854—2013) 相关项目编码列项；

　　e. 控制柜安装及电气接线、调试应按 d. 中规范附录 D 电气设备安装工程相关项目编码列项。

　　② 地源热泵机组、接管以及接管上的阀门、软接头、减震装置和基础另行计算，应按相关项目编码列项。

11.6 燃气器具及其他

11.6.1 燃气开水炉

11.6.1.1 燃气开水炉的概念

燃气开水炉也称燃气开水锅炉、燃气茶水炉、燃气饮水锅炉、燃气茶炉,该锅炉是以燃气为燃料,通过燃气燃烧器喷火对水进行加热,当水温达到设定水温上限温度后,燃烧器停止工作,锅炉进入自动保温状态,用户可从开水口连续不断地接出纯开水。

11.6.1.2 施工图识图

燃气开水炉安装构造示意图如图 11-55 所示。

燃气开水炉现场施工实物图如图 11-56 所示。

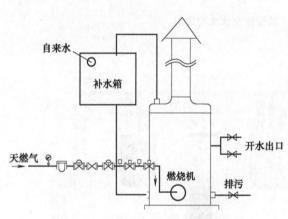

图 11-55 燃气开水炉安装构造示意图

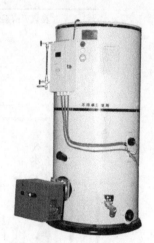

图 11-56 燃气开水炉现场施工实物图

11.6.1.3 燃气开水炉工程量计算规则

按设计图示数量计算。

11.6.1.4 案例解读

【例 11-3】 图 11-57 所示为某公司供水系统设备间,供水燃气开水炉类型为 JL-150,如图 11-58 所示,供水管道采用镀锌钢管,在设备间内和锅炉房内分别安装一个单独燃气表,结合图示试求在接入锅炉前的 $DN20$ 钢管工程量及所采用螺纹阀门和燃气开水炉、燃气表的工程量。

【解】 $DN20$ 镀锌钢管清单工程量=7.8+2.2+1.3+4=15.3(m)。

燃气表工程量计算规则:按设计图示数量计算。

燃气表工程量=图示工程量=2(台)。

螺纹阀门工程量计算规则:按设计图示数量计算。

螺纹阀门工程量=图示工程量=12(个)。

燃气开水炉计算规则:按设计图示数量计算。

燃气开水炉工程量清单=1(台);

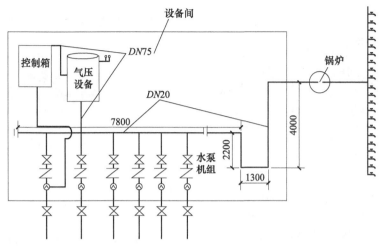

图 11-57　某公司供水系统设备间示意图

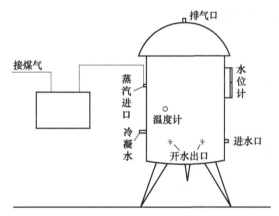

图 11-58　某公司供水燃气开水炉示意图

燃气表工程量清单＝1（块）。

11.6.2　燃气表

11.6.2.1　燃气表的概念

燃气表的外面只能看到小玻璃窗里有个带数码的滚轮，滚轮上有七位数字，小数点前四位黑色，后三位红色。

11.6.2.2　施工图识图

燃气表构造示意图如图 11-58 所示。

燃气表现场施工实物图如图 11-60 所示。

11.6.2.3　燃气表工程量计算规则

按设计图示数量计算。

11.6.2.4　注意事项

①　沸水器、消毒器适用于容积式沸水器、自动沸水器、燃气消毒器等。

②　燃气灶具适用于人工煤气灶具、液化石油气灶具、天然气燃气灶具等，用途应描述民用或公用，类型应描述所采用气源。

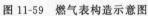

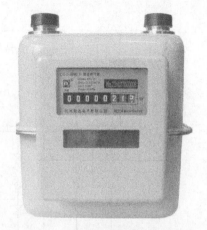

图 11-59　燃气表构造示意图

图 11-60　燃气表现场施工实物图

③ 调压箱、调压装置安装部位应区分室内、室外。

④ 引入口砌筑形式，应注明地上、地下。

扫码看图片、音/视频

第 12 章 ▶▶▶

通信设备及线路工程

12.1 通信设备

通信线路是保证信息传递的通路，目前长途干线中有线主要是用大芯数的光缆，另有卫星、微波等无线线路。

12.1.1 整流器

12.1.1.1 整流器的概念 （图 1-整流器） （音频 1-整流器的概念）

整流器是把交流电转换成直流电的装置，可用于供电装置及侦测无线电信号等。整流器可以由真空管、引燃管、固态矽半导体二极管、汞弧等制成。

12.1.1.2 施工图识图

整流器构造示意图如图 12-1 所示。

整流器现场施工实物图如图 12-2 所示。

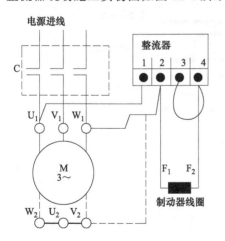

图 12-1 整流器构造示意图

图 12-2 整流器现场施工实物图

12.1.1.3 整流器工程量计算规则

按设计图示数量计算。

12.1.2 不间断电源设备

12.1.2.1 不间断电源设备的概念 （音频2-不间断电源设备的概念）

UPS，即不间断电源，是将蓄电池（多为铅酸免维护蓄电池）与主机相连接，通过主机逆变器等模块电路将直流电转换成市电的系统设备，主要用于给单台计算机、计算机网络系统或其他电力电子设备如电磁阀、压力变送器等提供稳定、不间断的电力供应。

12.1.2.2 施工图识图

不间断电源工作示意图如图12-3所示。

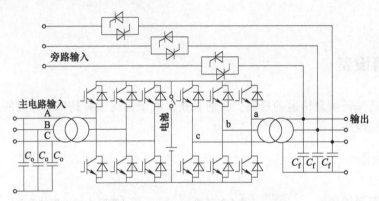

图12-3 不间断电源工作示意图

不间断电源设备构造示意图如图12-4所示。

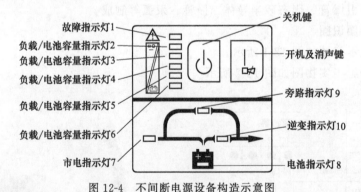

图12-4 不间断电源设备构造示意图

不间断电源设备施工现场实物图如图12-5所示。

12.1.2.3 不间断电源设备工程量计算规则

按设计图示数量计算。

12.1.3 调压器

12.1.3.1 调压器的概念 （音频3-调压器的概念）

晶闸管调压器又称晶闸管电力调整器、可控硅电力调整器或简称"电力调整器"。晶闸管是一个由PNPN四层半导体构成的三端器件，把它接在电源和负载中间，配上相应的触

图 12-5　不间断电源设备施工现场实物图

发控制电路板，就可以调整加到负载上的电压、电流和功率。

12.1.3.2　施工图识图

调压器工作原理构造示意图如图 12-6 所示。调压器构造示意图如图 12-7 所示。

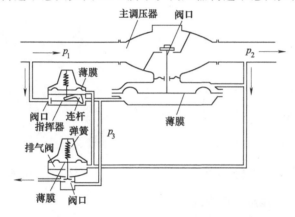

图 12-6　调压器工作原理构造示意图

p_1—进水压力；p_2—出水压力；p_3—泄压管压力

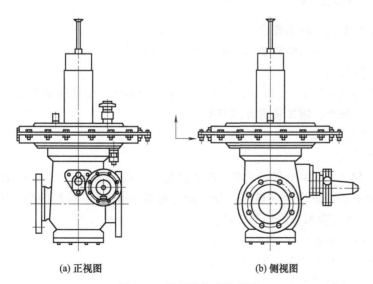

(a) 正视图　　　　　　　(b) 侧视图

图 12-7　调压器构造示意图

调压器现场施工实物图如图 12-8 所示。

12.1.3.3 调压器工程量计算规则
按设计图示数量计算。

12.1.4 单芯电源线

12.1.4.1 单芯电源线的概念
绝缘层内只有一根导线的是单芯线，其优点是柔软性好、散热较好、抗屈服性好、抗折断性好。缺点是抗拉力差、容易霉断、抗浪涌电流差、不方便整形。

图 12-8 调压器现场
施工实物图

12.1.4.2 施工图识图
单芯电源线结构图如图 12-9 所示，单芯电源线现场施工实物图如图 12-10 所示。

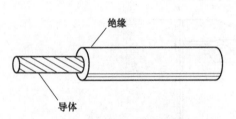

图 12-9 单芯电源线结构图

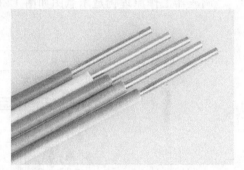

图 12-10 单芯电源线现场施工实物图

12.1.4.3 单芯电源线工程量计算规则
按设计图示尺寸以中心线长度计算。

12.1.5 电源分配柜、箱

12.1.5.1 电源分配柜、箱的概念
电源分配柜、箱是为通信机架提供电源的分配系统。

12.1.5.2 施工图识图
电源分配箱构造图如图 12-11 所示，电源分配柜现场施工实物图如图 12-12 所示。

12.1.5.3 电源分配柜、箱工程量计算规则
按设计图示数量计算。

12.1.5.4 案例解读
【例 12-1】 如图 12-13 中所示，有一栋 8 层楼房，层高为 3m，立管接配电箱 8 台，配电箱连接方式为串联，导线为铜导线，每台配电箱高 0.8m，立管标注为 BV-(3×50+2×25)-SC50-FC，试求立管和导线的工程量。

【解】 立管的工程量=(8-1)×3=21 (m)。

BV-50mm² 的工程量=21×3=63 (m)。

BV-25mm² 的工程量=21×2=42 (m)。

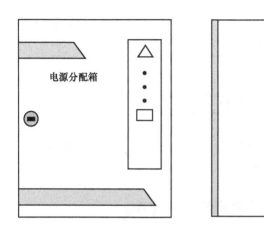

图 12-11　电源分配箱构造图

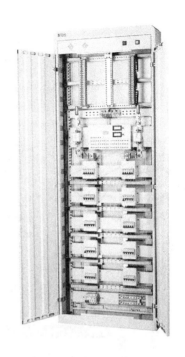

图 12-12　电源分配柜现场
施工实物图

12.1.6　配线架

12.1.6.1　配线架的概念

配线架是用于终端用户线或中继线，并能对它们进行调配连接的设备。配线架是管理子系统中最重要的组件，是实现垂直干线和水平布线两个子系统交叉连接的枢纽。

12.1.6.2　施工图识图

配线架构造图如图 12-14 所示，配线架现场施工实物图如图 12-15 所示。

12.1.6.3　配线架工程量计算规则

按设计图示数量计算。

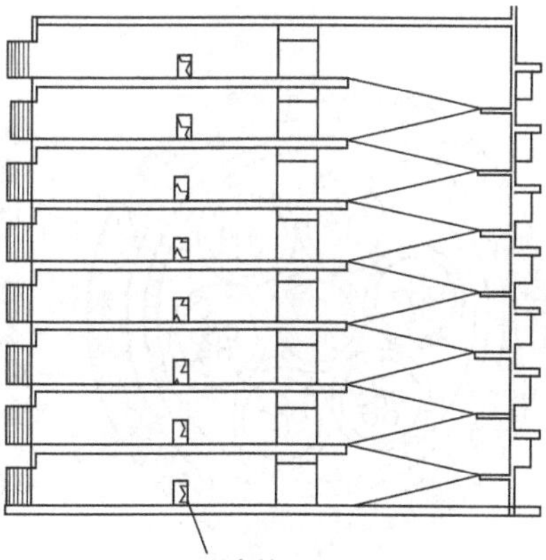

12.1.7　设备电缆、软光纤

12.1.7.1　设备电缆、软光纤的概念

设备电缆、软光缆是指采用纤维增强材料或很细的加强构件，外径较小、柔软性好、易于弯曲，适用于室内或空间较小的场合布放的光缆。

12.1.7.2　施工图识图

设备电缆、软光纤构造示意图如图 12-16 所示，设备电缆、软光纤实物图如图12-17所示。

配电箱

图 12-13　某配电箱示意图

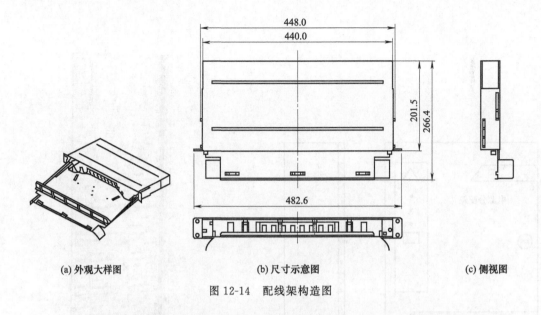

(a) 外观大样图　　　　　　(b) 尺寸示意图　　　　　　(c) 侧视图

图 12-14　配线架构造图

图 12-15　配线架现场施工实物图

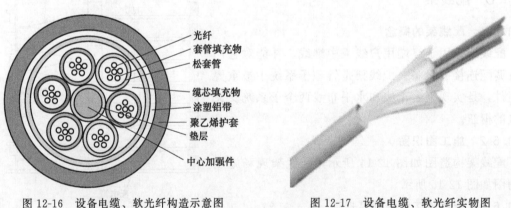

图 12-16　设备电缆、软光纤构造示意图　　　图 12-17　设备电缆、软光纤实物图

12.1.7.3　设备电缆、软光纤工程量计算规则

① 以"m"计量，按设计图示尺寸以中心线长度计算。

② 以"条"计量，按设计图示数量计算。

12.1.8　电话交换设备

12.1.8.1　电话交换设备的概念 （图 2-电话交换设备）

电话交换设备是一种特殊用途的用户交换机，它有若干电话机共用外线，适用于机关、团体、中小企业等单位，也可以用于住宅。

12.1.8.2 施工图识图

电话交换设备构造示意图如图 12-18 所示。

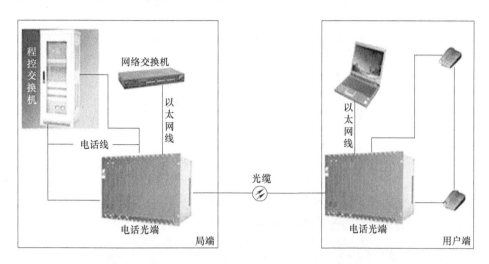

图 12-18 电话交换设备构造示意图

交换机现场施工实物图如图 12-19 所示。

图 12-19 交换机现场施工实物图

12.1.8.3 电话交换设备工程量计算规则

按设计图示数量计算。

12.1.9 复用器

12.1.9.1 复用器的概念

复用器是一种综合系统，通常包含一定数目的数据输入，N 个地址输入（以二进制形式选择一种数据输入）。

12.1.9.2 施工图识图

复用器工作构造示意图如图 12-20 所示。

复用器现场施工实物图如图 12-21 所示。

12.1.9.3 复用器工程量计算规则

按设计图示数量计算。

12.1.10 光电转换器

12.1.10.1 光电转换器的概念

光电转换器又名光纤收发器，是一种类似于基带 MODEM（数字调制解调器）的设备，

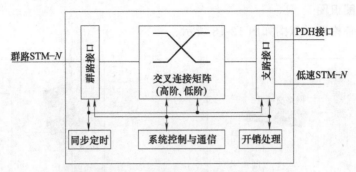

图 12-20　复用器工作构造示意图

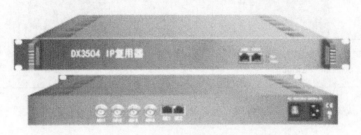

图 12-21　复用器现场施工实物图

和基带 MODEM 不同的是接入的是光纤专线，是光信号，分为全双工流控制、半双工背压控制。

12.1.10.2　施工图识图

光电转换器构造示意图如图 12-22 所示，光电转换器施工现场实物图如图 12-23 所示。

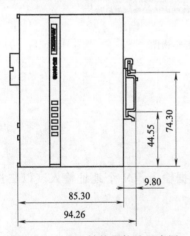

图 12-22　光电转换器构造示意图

图 12-23　光电转换器施工现场实物图

12.1.10.3　光电转换器工程量计算规则

按设计图示数量计算。

12.1.11　馈线

12.1.11.1　馈线的概念

馈线又称电缆线，在有线电视系统中起传输信号的作用，通过它将天线接收的信号传给前端系统，前端输出的信号也是由电缆线传输到各用户的电视机的。因此馈线的质量和型号是直接影响有线电视系统信号接收效果和信号传输质量的重要因素。

12.1.11.2　施工图识图

馈线截面图如图 12-24 所示，馈线施工现场实物图如图 12-25 所示。

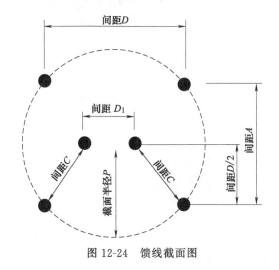

图 12-24　馈线截面图

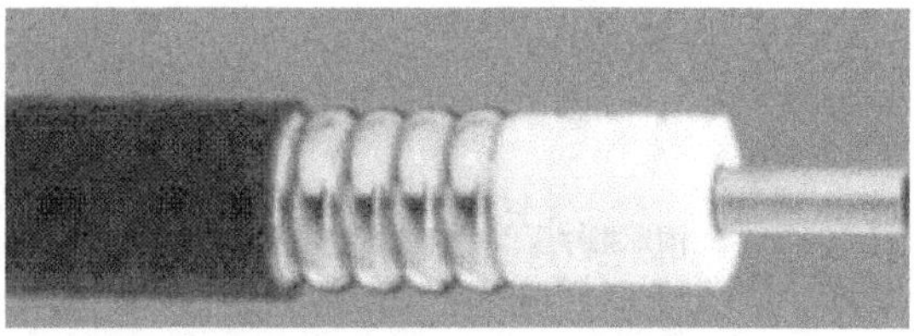

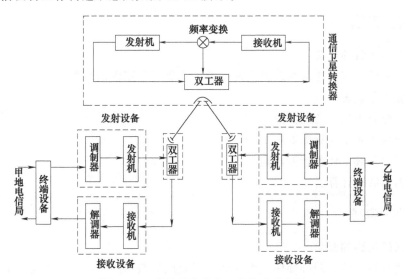

图 12-25　馈线施工现场实物图

12.1.11.3　馈线工程量计算规则

按设计图示数量计算。

12.1.12　微波通信设备

12.1.12.1　微波通信的概念

微波通信使用波长为 0.1mm～1m（频率为 0.3GHz～3THz）的电磁波进行通信，包括地面微波接力通信、对流层散射通信、卫星通信、空间通信及工作于微波波段的移动通信。

12.1.12.2　施工图识图

微波通信设备工作构造示意图如图 12-26 所示。

图 12-26　微波通信设备工作构造示意图

微波通信设备工作形象图如图 12-27 所示。

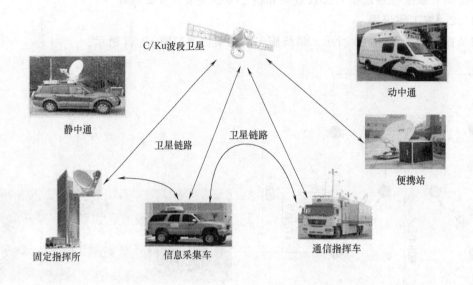

图 12-27 微波通信设备工作形象图

12.1.12.3 微波通信工程量计算规则
按设计图示数量计算。

12.1.12.4 注意事项
铁塔架设安装位置分楼顶、地上；不含铁塔基础施工，应按现行国家标准《房屋建筑与装饰工程工程量计算规范》(GB 50854—2013) 相关项目编码列项。

12.2 移动通信设备工程

12.2.1 室内天线

12.2.1.1 室内天线的概念
室内吸顶天线是移动通信系统天线的一种，主要用于室内信号覆盖。

12.2.1.2 施工图识图
室内天线分布构造示意图如图 12-28 所示。
室内天线现场施工实物图如图 12-29 所示。

12.2.1.3 室内天线工程量计算规则
按设计图示数量计算。

12.2.2 同轴电缆

12.2.2.1 同轴电缆的概念
同轴电缆是指有两个同心导体，而导体和屏蔽层又共用同一轴心的电缆。最常见的同轴电缆是由绝缘材料隔离的铜线导体组成，在里层绝缘材料的外部是另一层环形导体及其绝缘

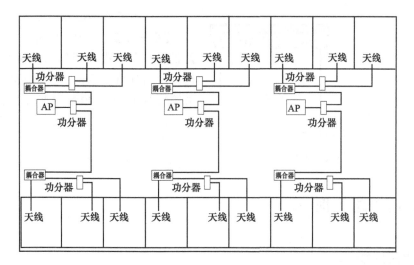

图 12-28　室内天线分布构造示意图

体，然后整个电缆由聚氯乙烯或聚四氟乙烯材料的护套包住。

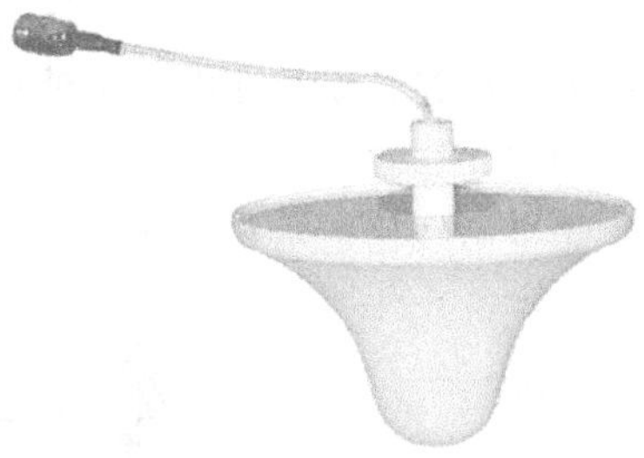

12.2.2.2　施工图识图

同轴电缆构造示意图如图 12-30 所示。

同轴电缆现场施工实物图如图 12-31 所示。

12.2.2.3　同轴电缆工程量计算规则

① 以"条"计量，按设计图示数量计算；

② 以"m"计量，按设计图示尺寸以中心线长度计算。

图 12-29　室内天线现场施工实物图

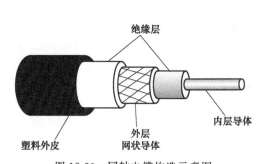

图 12-30　同轴电缆构造示意图

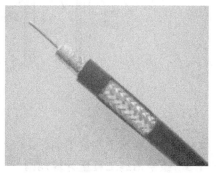

图 12-31　同轴电缆现场施工实物图

12.2.2.4　案例解读

【例 12-2】　某采用电缆沟铺砂盖砖直埋电缆敷设工程，如图 12-32 所示，敷设 3 根电缆，控制室配电柜至室外共 8m，室外电缆敷设共 80m 长，中间穿过热力管道，在配电间有电缆 5m，试求：(1) 概预算工程项目；(2) 计算工程量。

【解】　(1) 概预算工程项目有：电缆敷设、电缆沟铺砂盖砖工程、穿钢管敷设等项目。

(2) 直埋电缆敷设工程量=[(8+80+5)+2×2+1.5×2+1.5×2+2×2+2×0.5]×3

=324 (m)。

图 12-32　某电缆敷设工程示意图

故：电缆沟铺砂盖砖工程量也为 80m。

【小贴士】　式中：电缆敷设在各处的预留长度：电缆进入建筑物预留 2.0m；电缆进入沟内预留 1.5m；电力电缆终端头进动力箱预留 1.5m；电缆中间接线盒两端各留 2.0m；电缆进控制保护屏、模拟盘时留高＋宽；高压开关柜及低压配电盘、箱预留 2.0m；垂直至水平留 0.5m。

12.3　通信线路工程

12.3.1　架空吊线

12.3.1.1　架空吊线的概念 （图 3-架空吊线）

架空吊线是架挂在电杆上使用的吊线。

12.3.1.2　施工图识图

架空吊线构造示意图如图 12-33 所示。

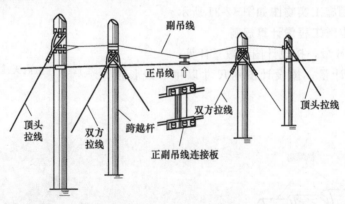

图 12-33　架空吊线构造示意图

架空吊线现场施工实物图如图 12-34 所示。

12.3.1.3　架空吊线工程量计算规则

按设计图示尺寸以中心线长度计算。

12.3.2　光缆交接箱

12.3.2.1　光缆交接箱的概念 （音频 4-光缆交接箱的概念）

光缆交接箱是一种为主干层光缆、配线层光缆提供光缆成端、跳接的交接设备。光缆引入光缆交接箱后，经固定、端接、配纤以后，使用跳纤将主干层光缆和配线层光缆连通。

图 12-34　架空吊线现场施工实物图

12.3.2.2　施工图识图

光缆交接箱结构图如图 12-35 所示，光缆交接箱现场施工实物图如图 12-36 所示。

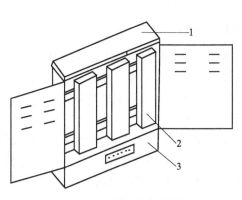

图 12-35　光缆交接箱结构图
1—箱体；2—接线排；3—箱座

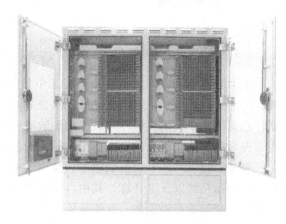

图 12-36　光缆交接箱现场施工
实物图

12.3.2.3　光缆交接箱工程量计算规则

按设计图示数量计算。

第 13 章 ▶▶▶

刷油、防腐蚀、绝热工程

13.1 刷油工程

13.1.1 刷油工程的概念 （音频 1-刷油工程的概念）

刷油亦称为涂覆，是安装工程施工中常见的重要内容，将普通油脂漆料涂刷在金属表面，使之与外界隔绝，以防止气体、水分的氧化侵蚀，并能增加光泽，更美观。刷油可分为底漆和面漆两种。刷漆的种类、方法和遍数可根据设计图纸或有关规范要求确定。设备、管道以及附属钢结构经除锈后，就可在其表面进行刷油（涂覆）。

管道、设备与矩形管道刷油工程量以"m²"计量，按设计图示表面尺寸以"m"计量，按设计图示尺寸以长度计算。其中，管道刷油以"m"计算时，按设计图示中心线以延长米计算，不扣除附属构筑物、管件及阀门等所占长度。设备筒体、管道表面包括管件、阀门、法兰、人孔、管口凹凸部分。

（1）设备筒体、管道表面积

$$S = \pi \cdot D \cdot L$$

式中　π——圆周率；

　　　　D——直径；

　　　　L——设备筒体高或管道延长米。

（2）带封头的设备面积

$$S = L \cdot \pi \cdot D + D + (D/2) \cdot \pi \cdot K \cdot N$$

式中　$K = 1.05$；

　　　　N——封头个数。

管道、设备与矩形管道刷油工作内容包括除锈、调配、涂刷。

13.1.2 刷油工程的分类

本节所述刷油工程包括管道刷油，设备与矩形管道刷油，金属结构刷油，铸铁管、暖气片刷油，灰面刷油，布面刷油，气柜刷油，玛琋酯面刷油、喷漆，如图 13-1、图 13-2 所示。

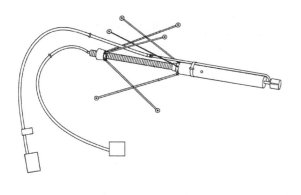

图 13-1　管道内壁喷漆装置示意图　　　　　图 13-2　喷漆现场图

13.1.3　刷油工程工程量计算规则

① 管道刷油、设备与矩形管道刷油、铸铁管、暖气片刷油：

a. 以"m²"计量，按设计图示表面积尺寸以面积计算；

b. 以"m"计量，按设计图示尺寸以长度计算。

② 金属结构刷油：

a. 以"m²"计量，按设计图示表面积尺寸以面积计算；

b. 以"kg"计量，按金属结构的理论质量计算。

③ 灰面刷油、布面刷油、气柜刷油、玛瑙酯面刷油、喷漆：

a. 以"m²"计量，按设计图示表面积尺寸以面积计算；

b. 以"m"计量，按设计图示尺寸以长度计算。

13.1.4　案例解读

【例 13-1】　某工程拟现场安装集水器和分水器，使用的工业管道均为低压不锈钢管，如图 13-3 所示，管道外直径为 0.5m，管道长 76m，要为管道外层刷油处理，试计算该管道刷油的工程量。

【解】　工程量计算规则：按设计图示表面积尺寸以面积计算。

由题中所给的数据可知：

管道刷油清单工程量：$S = \pi \cdot D \cdot L = 3.14 \times 0.5 \times 76 = 119.32$（m²）。

【小贴士】　式中：清单工程量计算数据皆根据题示及图示所得。

13.1.5　注意事项

① 管道刷油以"m"计算，按图示中心线以延长米计算，不扣除附属构筑物、管件及阀门等所占长度。

② 涂刷部位：指涂刷表面的部位，如设备、管道等部位。

③ 结构类型：指涂刷金属结构的类型，如一般钢结构、管廊钢结构、H 型钢钢结构等类型。

④ 设备筒体、管道表面积：$S = \pi \cdot D \cdot L$，式中，π 为圆周率；D 为直径；L 为设备筒

图 13-3　低压不锈钢管示意图

体高或管道延长米。

⑤ 设备筒体、管道表面积包括管件、阀门、法兰、人孔、管口凹凸部分。

⑥ 带封头的设备面积：$S=L \cdot \pi \cdot D+(D/2) \cdot \pi \cdot K \cdot N$，式中，$K=1.05$，$K$ 为设备封头表面积计算系数；N 为封头个数。

13.2　防腐蚀涂料工程

13.2.1　防腐蚀涂料工程的概念 （图1-防腐蚀工程） （音频2-防腐蚀涂料工程的概念）

防腐蚀涂料是指能延缓或防止建筑物材料腐蚀的涂料。通常，人们把材料的损坏称为腐蚀，由于腐蚀介质的影响，一般分为化学腐蚀和电化学腐蚀。防腐蚀工程是避免管道和设备腐蚀损失，减少使用昂贵的合金钢，杜绝生产中的泄漏和保证设备正常连续运转及安全生产的重要手段。

13.2.2　防腐蚀涂料工程的分类

本节所述防腐蚀涂料工程包括设备防腐蚀、管道防腐蚀、一般钢结构防腐蚀、管廊钢结构防腐蚀、防火涂料、H 型钢钢结构防腐蚀、金属油罐内壁防静电、埋地管道防腐蚀、环氧煤沥青防腐蚀、涂料聚合一次。管道防腐如图 13-4、图 13-5 所示，管道防火如图 13-6、图 13-7 所示。

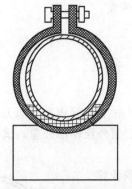

图 13-4　管道防腐结构示意图

图 13-5　管道防腐涂料现场施工图

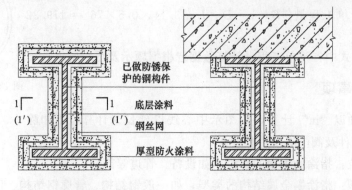

图 13-6　厚型钢结构防火涂料加网涂刷构造图

13.2.3 防腐蚀涂料工程工程量计算规则

① 设备防腐蚀、防火涂料、H 型钢钢结构防腐蚀、金属油罐内壁防静电、涂料聚合一次，按设计图示表面积计算，计算单位：m^2。

② 管道防腐蚀、一般钢结构防腐蚀、埋地管道防腐蚀、环氧煤沥青防腐蚀：

a. 以"m^2"计量，按设计图示表面积尺寸以面积计算；

b. 以"m"计量，按设计图示尺寸以长度计算。

③ 一般钢结构防腐蚀，按一般钢结构的理论质量计算，计算单位：kg。

④ 管廊钢结构防腐蚀，按管廊钢结构的理论质量计算，计算单位：kg。

图 13-7 喷涂防火涂料现场施工图

13.2.4 案例解读

【例 13-2】 某市政工程需要对安装的一批排水管道做防腐蚀处理，管道布置情况如图 13-8 所示，试计算该管道防腐蚀工程的清单工程量。

【解】 管道防腐蚀工程量计算规则：按设计图示尺寸以长度计算。

管道防腐蚀工程的清单工程量＝400＋600＋300＋550＋800＝2650（m）。

【小贴士】 式中：清单工程量计算数据皆根据题示及图示所得。

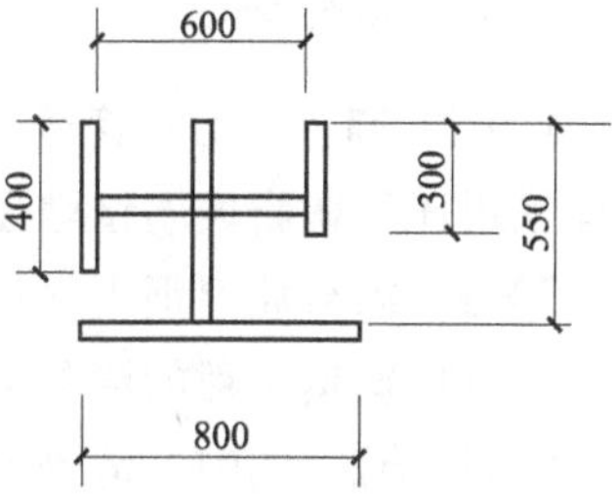

图 13-8 管道布置情况

13.2.5 注意事项

① 分层内容：指应注明每一层的内容，如底漆、中间漆、面漆及玻璃丝布等内容。

② 如设计要求热固化需注明。

③ 设备筒体、管道表面积：$S = \pi \cdot D \cdot L$，式中，π 为圆周率；D 为直径；L 为设备筒体高或管道延长米。

④ 阀门表面积：$S = \pi \cdot D \cdot 2.5D \cdot K \cdot N$，式中，$K$ 为 1.05；N 为阀门个数。

⑤ 弯头表面积：$S = \pi \cdot D \cdot 1.5D \cdot 2\pi \cdot N/B$，式中，$N$ 为弯头个数；B 值取定：90°弯头 $B = 4$；45°弯头 $B = 8$。

⑥ 法兰表面积：$S = \pi \cdot D \cdot 1.5D \cdot K \cdot N$，式中，$K$ 为 1.05；N 为法兰个数。

⑦ 设备、管道法兰翻边面积：$S = \pi \cdot (D + A) \cdot A$，式中，$A$ 为法兰翻边宽。

⑧ 带封头的设备面积：$S = L \cdot \pi \cdot D + 2D \cdot \pi \cdot K \cdot N$，式中，$K$ 为 1.05；N 为封头个数。

⑨ 计算设备、管道内壁防腐蚀工程量，当壁厚大于 10mm 时，按其内径计算；当壁厚小于 10mm 时，按其外径计算。

13.3 手工糊衬玻璃钢工程

13.3.1 手工糊衬玻璃钢工程的概念

手工糊衬方法，又叫手糊工艺，它是指在常温、常压条件下采用涂刷、刮涂、喷射的方法，将其树脂胶液涂覆在玻璃纤维及其织物表面，并达到浸透玻璃纤维及其织物的施工过程。

13.3.2 手工糊衬玻璃钢工程的分类

本节所述手工糊衬玻璃钢工程包括碳钢设备糊衬、塑料管道增强糊衬、各种玻璃钢聚合。

13.3.3 手工糊衬玻璃钢工程工程量计算规则

碳钢设备糊衬、塑料管道增强糊衬、各种玻璃钢聚合按设计图示表面积计算，计算单位：m^2。

13.3.4 案例解读

【例 13-3】 某工程管道，采用外径尺寸 120mm 的塑料管，管道长度为 130m，管道外表面采用环氧树脂玻璃钢增强。试计算出糊衬玻璃钢工程的清单工程量。

【解】 糊衬玻璃钢工程量计算规则：按设计图示表面积计算。

糊衬玻璃钢工程的清单工程量：$S = 3.14 \times 0.12 \times 130 = 48.984$（$m^2$）。

【小贴士】 式中：清单工程量计算数据皆根据题示所得。

13.3.5 注意事项

① 如设计对胶液配合比、材料品种有特殊要求需说明。
② 遍数指底漆、面漆、涂刮腻子、缠布层数。

13.4 橡胶板及塑料板衬里工程

13.4.1 橡胶板及塑料板衬里工程的概念 （音频 3-橡胶板及塑料板衬里工程的概念）

橡胶板及塑料板衬里，是把耐腐蚀橡胶板及塑料板贴衬在碳钢设备或管道的内表面，使衬里后的设备、管道具有良好的耐酸、碱、盐腐蚀能力和较高机械强度的衬里层。耐腐蚀橡皮板具有优良的性能，除强氧化剂（如硝酸、浓硫酸、铬酸及过氧化氢等）及某些溶剂（如苯、二硫化碳、四氯化碳等）外，能耐大多数无机酸、有机酸、碱、各种盐类及醇类介质的腐蚀。因而在石油、化工生产装置中常被用于碳钢设备、管道的衬里。塑料是一种具有优良耐腐蚀性能、有一定机械强度和耐温性能的材料。在石油、化工生产装置中应用较多的有聚氯乙烯塑料板衬里、聚合异丁烯板衬里以及其他一些塑料板衬里。

13.4.2 橡胶板及塑料板衬里工程的分类

本节所述胶板及塑料板衬里工程包括塔、槽类设备衬里，锥形设备衬里，多孔板衬里，管道衬里，阀门衬里，管件衬里，金属表面衬里。橡胶衬里管道示意图如图 13-9、图 13-10 所示。

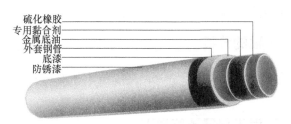

硫化橡胶
专用黏合剂
金属底油
外套钢管
底漆
防锈漆

图 13-9 橡胶衬里管道示意图

13.4.3 橡胶板及塑料板衬里工程工程量计算规则

塔、槽类设备衬里，锥形设备衬里，多孔板衬里，管道衬里，阀门衬里，管件衬里，金属表面衬里，按图示表面积计算，计算单位：m^2。

图 13-10 以橡胶作为衬里层的管道图

13.4.4 案例解读

【例 13-4】 某钢制塔内设备，高度为 1.6m，内表面积为 $352m^2$，内表面采用热硫化橡胶板衬里，层数为 2 层。请计算热硫化橡胶板衬里工程清单工程量。

【解】 清单工程量计算规则：按图示表面积计算。

热硫化橡胶板衬里工程清单工程量 $S = 352$ （m^2）。

【小贴士】 式中：清单工程量计算数据皆根据题示所得。

13.4.5 注意事项

① 热硫化橡胶板如设计要求采取特殊硫化处理需注明。
② 塑料板搭接如设计要求采取焊接需注明。
③ 带有超过总面积 15% 衬里零件的储槽、塔类设备需说明。

13.5 衬铅及搪铅工程

13.5.1 衬铅及搪铅工程的概念 （音频 4-衬铅及搪铅工程的概念）

① 衬铅 主要用于稀硫酸和硫酸盐介质中，适用于正压、静负荷、工作温度小于 90℃ 的情况。小型的设备用起吊工具可以转动或放在托轮上，能转动的设备应采用转动衬铅、搪

铅铆钉固定法；大型钢体设备及混凝土层上的衬铅是无法转动的，必须要考虑好展料、焊接、固定等问题。

② 搪铅 耐腐蚀性能同衬铅。搪铅时，将处理好的设备表面，先刷一层焊药后，用气焊加温，当温度达到 320~350℃ 时再涂一层焊剂水，如果表面形成的焊剂层呈现湿润光泽，就把焊条熔化上去，火焰对着熔化铅向前走动，熔铅就焊着在设备表面上。搪铅适用于真空、振动、较高温度和传热等工况。

13.5.2 衬铅及搪铅工程的分类

本节所述中压管件包括设备衬铅、型钢及支架包铅、设备封头、底搪铅、搅拌叶轮、轴类搪铅。

13.5.3 衬铅及搪铅工程工程量计算规则

设备衬铅、型钢及支架包铅、设备封头、底搪铅、搅拌叶轮、轴类搪铅，按设计图示表面积计算，计算单位：m²。

13.5.4 案例解读

【例 13-5】某钢制酸储罐，基体尺寸 $D=1.8m$，$L=2.4m$，罐壁厚度为 4mm，内表面采用压板法衬铅处理。请计算衬铅工程清单工程量。

【解】衬铅工程清单工程量计算规则：按设计图示表面积计算。

由题中所给的数据可知 $S = \pi \cdot D \cdot L + \left(\dfrac{D}{2}\right)^2 \cdot \pi \cdot 1.6 \cdot N = 3.14 \times 1.8 \times 2.4 + \left(\dfrac{1.8}{2}\right)^2 \times 3.14 \times 1.6 \times 2 = 21.704$（m²）。

【小贴士】式中：清单工程量计算数据皆根据题示所得。

13.5.5 注意事项

设备衬铅如设计要求安装后再衬铅需注明。

13.6 喷镀（涂）工程

13.6.1 喷镀（涂）工程的概念 （图 2-喷镀工程）

喷镀是将金属材料在高温下融化，并立即被压缩空气或惰性气体的气流吹成雾状，迅速喷镀在预先准备好的物件表面上，这个过程即喷镀。

喷塑是采用热熔方法将塑料融化后喷到物件表面上，以达到防腐蚀或装饰的目的。

13.6.2 喷镀（涂）工程的分类

本节所述喷镀（涂）工程包括设备喷镀（涂）、管道喷镀（涂）、型钢喷镀（涂）、一般钢结构喷（涂）塑。

13.6.3 喷镀（涂）工程工程量计算规则

① 设备喷镀（涂）

a. 按设备图示表面积计算，计算单位：m²；

b. 按设备零部件质量计量，计算单位：kg。

② 管道喷镀（涂）、型钢喷镀（涂），按图示表面积计算，计算单位：m²。

③ 一般钢结构喷（涂）塑，按图示金属结构质量计算，计算单位：kg。

13.6.4　案例解读

【例 13-6】　某工业管道上装有型钢所做支架 15 副，支架防腐采用喷锌处理，支架单个称重 9kg，喷锌层厚度为 0.18mm，请计算喷锌工程清单工程量。

【解】　清单工程量计算规则：按图示金属结构质量计算。

喷锌工程清单工程量：$9 \times 15 = 135$（kg）。

【小贴士】　式中：清单工程量计算数据皆根据题示所得。

13.6.5　注意事项

喷镀时应注意的安全事项如下。

① 使用的乙炔发生器（乙炔瓶）、喷枪必须按使用规程操作，施工前应组织操作人员学习培训，达到熟练操作后，再进入现场施工。

② 喷镀时金属材料的蒸发气、粉末，要及时通风排出。

③ 操作人员必须佩戴一定的劳动保护用品，如：口罩、手套、工作服或防毒面具、工作帽、眼镜等。

13.7　耐酸砖、板衬里工程

13.7.1　耐酸砖、板衬里工程的概念

耐酸砖、板衬里是采用耐腐蚀胶泥将耐酸砖、板贴衬在金属设备内表面，形成较厚的防腐蚀保护层，其耐腐蚀性、耐磨性和耐热性较好，并有一定的抗冲击性能。因此，作为一种传统的防腐蚀技术被广泛应用于各类塔器、储罐、反应釜的衬里。如图 13-11、图 13-12 所示。

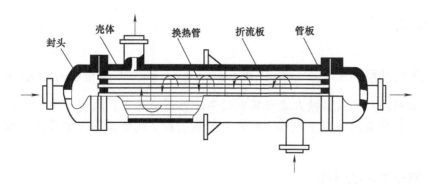

图 13-11　耐酸砖、板衬里管道贴衬板构造图

图 13-12　耐酸砖、板衬里反应釜中贴衬板实物图

13.7.2　耐酸砖、板衬里工程的分类

本节所述耐酸砖、板衬里工程包括圆形设备耐酸砖、板衬里，矩形设备耐酸砖、板衬里，锥（塔）形设备耐酸砖、板衬里，供水管内衬、衬石墨管接、铺衬石棉板、耐酸砖板衬砌体热处理。

13.7.3　耐酸砖、板衬里工程 工程量计算规则

① 圆形设备耐酸砖、板衬里，矩形设备耐酸砖、板衬里，锥（塔）形设备耐酸砖、板衬里，供水管内衬，按图示表面积计算，计算单位：m^2。

② 衬石墨管接，按图示数量计算，计算单位：个。

③ 铺衬石棉板、耐酸砖板衬砌体热处理，按图示表面积计算，计算单位：m^2。

13.7.4　案例解读

【例 13-7】　某工程供水管道，采用 $DN500mm$ 的管道铺设，管道长度为 130m，内衬硅质胶泥 20mm 厚。请计算硅质胶泥内衬工程量。

【解】　工程量计算规则：按设计图示管道中心线以长度计算。

硅质胶泥内衬工程量 $S = \pi DL = 3.14 \times 0.5 \times 130 = 204.1$（$m^2$）。

【小贴士】　式中：清单工程量计算数据皆根据题示所得。

13.7.5　注意事项

① 圆形设备形式指立式或卧式。

② 硅质耐酸胶泥衬砌块材如设计要求勾缝需注明。

③ 衬砌砖、板如设计要求采用特殊养护需注明。

④ 胶板、金属面如设计要求脱脂需注明。

⑤ 设备拱砌筑需注明。

13.8　绝热工程

13.8.1　绝热工程的概念 （图 3-绝热工程）　（音频 5-绝热工程的概念）

将绝热材料用人工或机械方式安装在设备、管道、法兰、阀门等表面上，达到隔断或减少热量传递效果的施工全过程，称之为绝热工程。按效果作用划分为保温工程、保冷工程。

13.8.2　绝热工程的分类

本节所述绝热工程包括设备绝热，管道绝热，通风管道绝热，阀门绝热，法兰绝热，喷

涂、涂抹，防潮层、保护层，保温盒、保温托盘。管道保温绝热如图 13-13～图 13-15 所示。

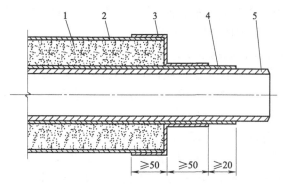

图 13-13　输送介质温度不超过 100℃的管道保温绝热结构图
1—保温层；2—防护层；3—防水帽；4—防腐层；5—管道

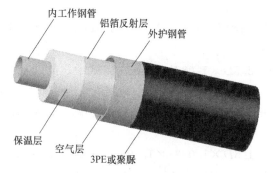

图 13-14　管道保温绝热结构图

图 13-15　管道保温绝热施工图

13.8.3　绝热工程工程量计算规则

① 设备绝热、管道绝热、阀门绝热、法兰绝热，按图示表面积加绝热层厚度及调整系数计算，计算单位：m²。

② 通风管道绝热

a. 以体积计量，按图示表面积加绝热层厚度及调整系数计算，计算单位：m³；

b. 以面积计量，按图示表面积及调整系数计算，计算单位：m²。

③ 喷涂、涂抹，按图示表面积计算，计算单位：m²。

④ 防潮层、保护层、保温盒、保温托盘：

a. 以面积计量，按图示表面积加绝热层厚度及调整系数计算，计算单位：m²；

b. 以质量计量，按图示金属结构质量计算，计算单位：kg。

13.8.4　注意事项

① 设备形式指立式、卧式或球形。

② 层数指一布二油、两布三油等。

③ 对象指设备、管道、通风管道、阀门、法兰、钢结构。

④ 结构形式指钢结构：包含一般钢结构、H 型钢钢结构、管廊钢结构。

⑤ 如设计要求保温、保冷分层施工需注明。

⑥ 设备筒体、管道绝热工程量 $V=\pi(D+1.033\delta)\times 1.033\delta L$，式中，$\pi$ 为圆周率；D 为管道直径；1.033 为调整系数；δ 为绝热层厚度；L 为设备筒体高或管道延长米。

⑦ 设备筒体、管道防潮和保护层工程量 $S=\pi(D+2.1\delta+0.0082)L$，式中，2.1 为调整系数；0.0082 为捆扎线直径或钢带厚，m。

⑧ 单管伴热管、双管伴热管（管径相同，夹角小于 90°时）工程量：$D'=D_1+D_2+(10\sim 20mm)$，式中，D' 为伴热管道综合值；D_1 为主管道直径；D_2 为伴热管道直径；10～20mm 为主管道与伴热管道之间的间隙。

⑨ 双管伴热（管径相同，夹角大于 90°时）工程量：$D'=D_1+1.5D_2+(10\sim 20mm)$。

⑩ 双管伴热（管径不同，夹角小于 90°时）工程量：$D'=D_1+D_{伴大}+(10\sim 20mm)$。将以上⑧、⑨、⑩的 D' 代入⑥、⑦公式即是伴热管道的绝热层、防潮层和保护层工程量。

⑪ 设备封头绝热工程量：$V=[(D+1.033\delta)/2]\times 2\times\pi\times 1.033\delta\times 1.5N$，式中，$N$ 为设备封头个数。

⑫ 设备封头防潮和保护层工程量 $S=[(D+2.1\delta)/2]\times 2\times\pi\times 1.5N$，式中，$N$ 为设备封头个数。

⑬ 阀门绝热工程量：$V=\pi\times(D+1.033\delta)\times 2.5D\times 1.033\delta\times 1.05N$，式中，$N$ 为阀门个数。

⑭ 阀门防潮和保护层工程量：$S=\pi\times(D+2.1\delta)\times 2.5D\times 1.05N$，式中，$N$ 为阀门个数。

⑮ 法兰绝热工程量：$V=\pi\times(D+1.033\delta)\times 1.5D\times 1.033\delta\times 1.05N$，式中，1.05 为调整系数；$N$ 为法兰个数。

⑯ 法兰防潮和保护层工程量：$S=\pi\times(D+2.1\delta)\times 1.5D\times 1.05N$，式中，$N$ 为法兰个数。

⑰ 弯头绝热工程量：$V=\pi\times(D+1.033\delta)\times 1.5D\times 2\pi\times 1.033\delta N/B$，式中，$N$ 为弯头个数；B 值：90°弯头 $B=4$；45°弯头 $B=8$。

⑱ 弯头防潮和保护层工程量：$S=\pi\times(D+2.1\delta)\times 1.5D\times 2\pi N/B$，式中，$N$ 为弯头个数；B 值：90°弯头 $B=4$；45° 弯头 $B=8$。

⑲ 拱顶罐封头绝热工程量：$V=2\pi r(h+1.033\delta)\times 1.033\delta$，式中，$r$ 为封头半径；h 为拱顶凸起高度。

⑳ 拱顶罐封头防潮和保护层工程量：$S=2\pi r(h+2.1\delta)$。

㉑ 绝热工程第二层（直径）工程量：$D=(D+2.1\delta)+0.0082$，以此类推。

㉒ 计算规则中调整系数按注中的系数执行。

㉓ 绝热工程前需除锈、刷油，应按《建设工程工程量清单计价规范》(GB 50500—2013) 中附录 M.1 刷油工程相关项目编码列项。

13.9 管道补口、补伤工程

13.9.1 管道补口、补伤工程的概念

补口、补伤是指对金属管道破损处进行的补修。金属管道在长期的使用过程中，由于受

到酸、碱、盐等介质的腐蚀，或者由于碰撞以及金属管道自身的锈蚀等原因，管道将丧失原有的完整性，出现裂纹或破损，对这些裂纹或破损的修补即是金属管道的补口、补伤。

13.9.2 管道补口、补伤工程的分类

本节所述管道补口、补伤工程包括刷油、防腐蚀、绝热、管道热缩套管。如图 13-16、图 13-17 所示。

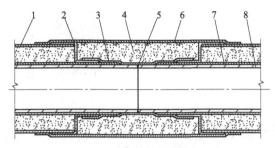

图 13-16 管道补口结构图

1—防护层；2—防水帽；3—补口带；4—补口保温层；5—管道焊缝；
6—补口防护层；7—防腐层；8—钢管

13.9.3 管道补口、补伤工程工程量 计算规则

① 刷油、防腐蚀、绝热：

a. 按设计图示表面积尺寸以面积计算，计算单位：m^2。

b. 按设计图示数量计算，计算单位：口。

② 刷油、防腐蚀、绝热按图示表面积计算，计算单位：m^2。

图 13-17 管道热缩套管
实物图

13.9.4 案例解读

【例 13-8】 某长输直线管道长度为 3000m，采用 $\phi133mm \times 5mm$ 的无缝钢管，上有 160 个接口，现用环氧沥青漆加强防腐补口，请计算出管道补口清单工程量。

【解】 工程量计算规则：按设计图示数量计算。

管道补口清单工程量＝160（口）。

【小贴士】 式中：清单工程量计算数据皆根据题示所得。

13.10 阴、阳极保护及牺牲阳极

13.10.1 阴、阳极保护及牺牲阳极的概念

① 阴极保护 是在金属表面通入足够的阴极电流，使金属电位变负，并且使阳极溶解速度减小。它适用于防止土壤、海水、淡水等介质中的金属的腐蚀，但不适用于酸性介质及

非电解质中的防护。目前它已广泛用于石油工业的罐、过滤器、加热处理器，海上构筑物和套管以及地下管线、电缆、隧道等的防腐。

　　阴极保护的经济效益非常显著。比如，一座海上采油平台的建造费超过 1 亿元，而阴极保护施工费只需 100 万～200 万元。不采用保护，平台寿命只有 5 年，而阴极保护下可用 20 年以上。地下管线的阴极保护费只占总投资的 0.3%～0.6%，就可以大大延长其使用寿命。阴极保护和涂层结合起来已成为保护埋地管道最经济的方法。如图 13-18～图 13-20 所示。

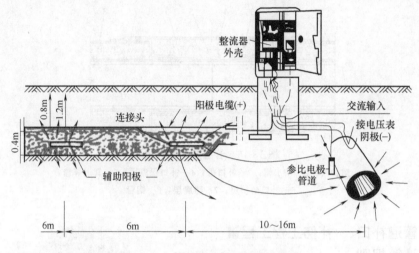

图 13-18　外加电流阴极保护示意图

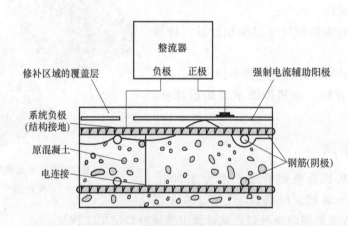

图 13-19　强制电流阴极保护示意图

图 13-20　管道阴极保护现场施工图

　　② 阳极保护　是使金属处于稳定的钝性状态的一种防腐方法。阳极保护方法可用于能够形成并保持保护膜的介质中，例如某些酸性和盐类溶液中，当溶液中氯离子的含量能破坏保护膜时，这种方法就不适用了。阳极保护所需的费用比阴极保护的高，目前主要应用于硫酸、磷酸、有机酸、纸浆和液体肥料生产系统中，如图 13-21 所示。

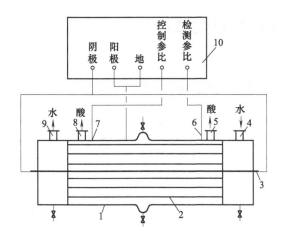

图 13-21　阳极保护管壳式浓硫酸冷却器示意图

1—壳体；2—管束；3—主阴极；4—水进口；5—酸出口；6—监测参比电极；

7—控制参比电极；8—酸进口；9—水出口；10—恒电位仪

③ 牺牲阳极保护　是最早应用的电化学保护法。根据电化学原理，把不同电极电位的两种金属置于电解质体系内，当有导线连接时就有电流流动，这时，电极电位较负的金属为阳极。利用两金属的电极电位差作方阴极保护的电流源，这就是牺牲阳极法的基本原理，如图 13-22～图 13-24 所示。

图 13-22　牺牲阳极现场施工图

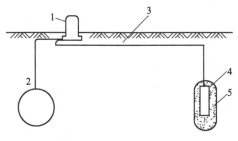

图 13-23　牺牲阳极装配示意图

1—测试桩；2—管道；3—连接电缆；

4—牺牲阳极；5—填包料

图 13-24　埋地钢质管道牺牲

阳极现场图

13.10.2　阴、阳极保护及牺牲阳极的分类

本节所述阴极保护及牺牲阳极包括阴极保护、阳极保护、牺牲阳极。

13.10.3　阴、阳极保护及牺牲阳极工程量计算规则

① 阴极保护，按图示数量计算，计算单位：站。

② 阳极保护、牺牲阳极，按图示数量计算，计算单位：个。

13.10.4　案例解读

【例 13-9】　某城市管道工程，每 300m 设置一个镁合金牺牲阳极，共计设置有 110 个，请计算牺牲阳极清单工程量。

【解】　工程量计算规则：按图示数量计算。

牺牲阳极清单工程量：110（个）。

【小贴士】　式中：清单工程量计算数据皆根据题示所得。

13.10.5　注意事项

由于牺牲阳极法是通过阳极自身的消耗，给被保护金属体提供保护电流，因此，对牺牲阳极材料就有了性能要求：

① 要有足够负的电位，在长期放电过程中很少极化。

② 腐蚀产物应不黏附于阳极表面，否则阳极易疏松脱落；不可形成高电阻硬壳，且无污染。

③ 自腐蚀小，电流效率高。

④ 单位质量发生的电流量大，且输出电流均匀。

⑤ 有较好的力学性能，价格便宜，来源广。

参 考 文 献

[1] GB 50500—2013.

[2] GB 50856—2013.

[3] 《建筑工程工程量清单计价规范》编写组. 建设工程计价计量规范辅导 [M]. 北京：中国计划出版社，2013.

[4] GB/T 50786—2012.

[5] 全国造价工程师执业资格考试培训教材编审委员会. 建设工程技术与计量（安装工程）[M]. 北京：中国计划出版社，2013.

[6] 建筑安装工程费用项目组成（建标 [2013] 44）.

[7] 《关于做好建筑业营改善建设工程计价依据调整准备工作的通知》住房城乡建设部（建办标函 [2016] 号）.

[8] 住房城乡建设部标准定额研究所《关于印发研究落实"营改增"具体措施研讨会会议纪要的通知》（建标造 [2016] 49 号）.